KB267348

기후 행정, 기후 소득

기후 행정, 기후 소득

◆ 잘못된 책은 교환해 드립니다.

기후행정, 기후소득
지속 가능한 미래 약속하는 20가지

초판 1쇄 발행 **2026년 3월 19일**   지은이 **황인선**   발행인 **황윤억**
편집 **윤석빈 김순미 황인재**   마케팅 **김초롱**   디자인 **알음알음**

발행처 **인문공간/(주)에이치링크**   등록 **2020년 4월 20일(제2020-000078호)**
주소 **서울 서초구 남부순환로 333길 36, 4층(서초동, 해원빌딩)**
전화 마케팅 **02) 6120-0259**   편집 **02) 6120-0258**   팩스 **02) 6120-0257**

ISBN 979-11-994016-4-8 03450

◆ 열린 독자가 인문공간 책을 만듭니다.
◆ 독자 여러분의 의견에 언제나 귀를 열고 있습니다.
전자우편 pacademy@kakao.com   영문명 HAA(Human After All)

◆ 값은 뒤표지에 있습니다.
◆ 잘못된 책은 교환해 드립니다.

공무원이 움직이면 기후가 바뀐다

기후 행정, 기후 소득

지속가능한 미래 약속하는 20가지

황인선 지음

인문공간

기후가 돈이 되는 순간,
탄소중립소득의 발견

행정의 힘으로 만드는
탄소중립 실천 가이드

행정의 힘으로 여는 '기후 소득'의 시대
120만 공무원이 바꾸는 대한민국의 미래

행정전 영역의 '기후렌즈' 재설계

도시설계, 교육, 복지,
산업, 문화 등 모든 행정분야에
기후 관점을 도입하여
지속가능한 구조 설계

120만 공무원: 시스템을 바꾸는 가장 강력한 엔진

공무원은 정책설계와
예산 집행으로 시민의 삶과
국가 시스템을 실질적으로
변화시킬 수 있는
기후변화 대응의 핵심 주체

탄소 중립은 '비용'이 아니라 '소득'이다

● 기후 행정이 만드는 '기후 소득'

재생에너지 혁신과 로컬 소비 활성화를 통해
공동체를 회복하고 실질적인 소득 창출로 이어지는
선순환 구조를 구축

탄소 중립은 경제적 손실이 아니라 에너지 자립과
순환 경제를 통해 지역 경제를 살리고 새로운
일자리를 만드는 혁신의 기회

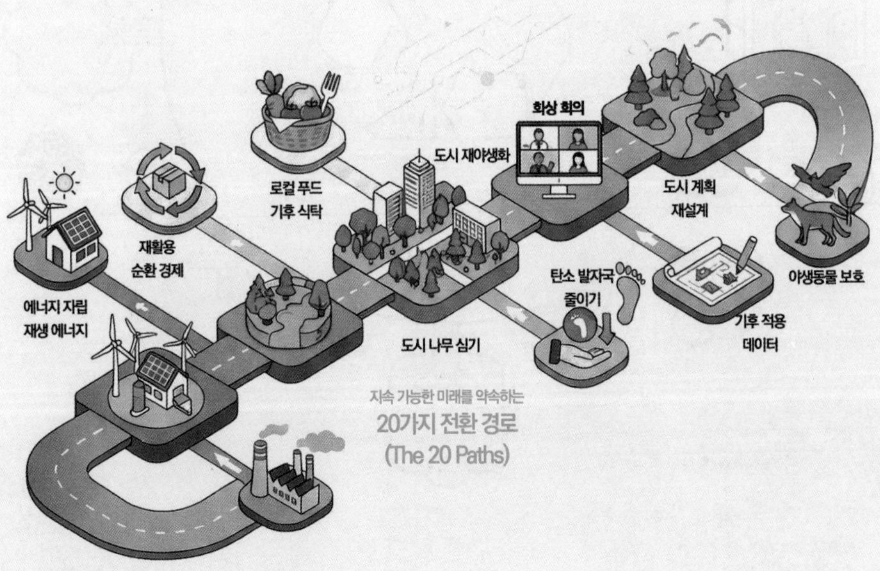

“기후 변화와 관련하여 당신이 기억해야 할 숫자가 두 개 있다. 510억과 0이다…아직 세계는 이처럼 큰 규모의 일을 한 적이 없다. 이 말은 앞으로 모든 나라가 지금까지의 삶의 방식을 바꿔야 한다는 뜻이다. 우리가 하는 모든 행동 즉 무언가를 기르거나, 만들거나, 이동하는 등의 모든 활동은 온실가스를 배출하기 때문이다.”

- 빌 게이츠『기후 재앙을 피하는 법』에서.

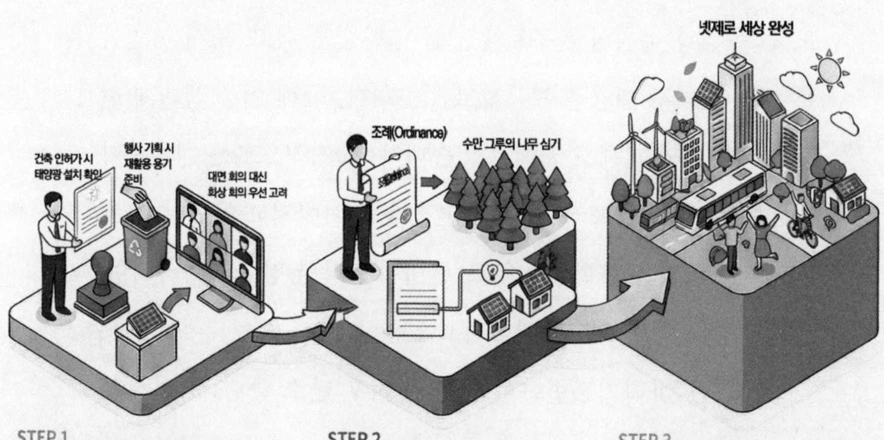

STEP 1

업무 현장에서의 작은 실천

건축 인허가 시 태양광 설치 확인,
행사 기획 시 재활용 용기 준비,
대면 회의 대신 화상 회의 우선 고려 등
당장 할 수 있는 일부터 시작합니다.

STEP 2

제도의 정착과 조례 제정

행정 조례 하나로 수만 그루의
나무를 심거나, 예산안 한 줄로
수천 가구의 에너지 자립을 지원하여
실천을 제도화합니다.

STEP 3

새로운 문화와 지속 가능한 미래

공무원의 실천이 제도가 되고,
제도가 시민의 라이프스타일을 바꾸는
문화가 되어 기후 위기를 극복한
넷제로 세상을 완성합니다.

기후 변화 시대, ESG 대전환 청사진

기후변화, 행정 영역→국민 참여하는 기후소득 창출

기후-소득 연결한 신안군-성대골 사례가 행정 모델

저는 예전부터 "ESG(환경·사회·거버넌스) 대전환 시기를 맞아 지방정부도 지속 가능한 지역사회 발전을 위한 행정 역량을 집중해야 한다."고 누차 강조해 왔습니다. 유럽과 미국에서 시작한 ESG 경향이 글로벌 시장의 메가 트렌드로 자리 잡았고, 기업의 사회적 책임에서 출발한 ESG 경영은 이제 국가와 기업, 시민의 생존을 좌우하는 문제가 되었기 때문입니다.

기후 위기는 이미 우리 삶 가까이에 와 있습니다. 한국만 봐도 긴 폭염과 국지성 폭우로 농민들이 한숨을 쉬고, 도시 서민들은 해마다 기후 재앙을 체감하고 있습니다. 근해 어종 생태계 변화로 어민들의 피해도 커지고 있습니다. 세계적으로는 대홍수와 기근, 사막화, 대규모 산불, 해수면 상승이 이어지고 있으며, 산호초의 약 84%가 백화현상을 겪고, 꿀벌이 심각할 정도로 사라지며, 팬데믹 발생 주기도 점점 짧아지고 있습니다.

2015년 '파리기후변화협약' 체결 이후 탄소 중립, RE100 선언, 탄소국경조정제도 등 환경 장벽이 강화되면서 우리 경제와 산업도 체질 개선이 필수가 되었습니다. 하지만 기존 정부에서 기후 위기에 대한 총체적 대안과 행정 실천을 진행했어야 함에도 불구하고, 너무나 아쉽게도 10년 이상을 실기했습니다.

그런 점에서 이 책의 출간은 참 반갑고 고맙습니다. 120만 공무원(교육 공무원 포함)과 책임 있는 기업들을 대상으로, 소비 변화, 리추얼(ritual), 생전(生電)과 비전(非電), 모빌리티, 재택근무, 재야생화, 여행, 식문화, 축제 3.0까지 20개 항목에 걸쳐 구체적이고 창의적인 기후 대안을 제시하고 있기 때문입니다.

이러한 입체적 아이디어가 가능했던 것은 저자의 독특한 이력 덕분일 것입니다. 20여 년간 한국 마케팅의 현장을 이끌어 온 상상 문화 마케터 경력을 마친 후, 서울혁신파크에서 다양한 기후 시민들의 의지와 실천 활동을 접했고, (재)서울그린트러스트의 감사와 축제 총감독을 거치며 도시 문제까지 섭렵한 경험이 이 책의 주장에 생생한 근거와 설득력을 부여하고 있습니다.

무엇보다 이 책은 기후 변화를 행정의 영역에만 가두지 않고, 국민 참여를 통해 기후 소득을 창출하는 대안을 제시하고 있다는 점에서 큰 의미가 있습니다. 의무가 되면 행정이 동력을 잃지만, 그것이 소득과 연결되면 신안군이나 성대골 사례처럼 실효성이 커집니다. 새로운 행정 모델의 가능성을 보여주는 것입니다.

아무쪼록 이 책을 통해서 공무원과 교육자, 그리고 책임 있는 기업들의 ESG 활동이 국가적 과제이자 현안으로 정착되고 활성화하는 소중한 기회가 마련되기를 소망합니다.

조경진 교수(서울대학교 환경대학원 지속가능 ESG 전문가과정 주임교수·(재)서울그린트러스트 이사장)

행정이 기후와 만나면, 기후 소득이 된다

왜, '기후 행정'인가…120만 공무원 역할론

서울 은평구에 소재했던 서울혁신파크는 질병관리본부가 이전한 자리를 재개발하여, 정부와 기업이 풀기 힘든 난제를 시민들이 해결하자는 취지로 '서울특별시 서울혁신파크 설치 및 운영에 관한 조례'에 의거, 2015년 4월 설립되었다. 전체 3만 평 부지에 250개 단체 1,300명의 활동가가 입주했다. 나는 2019년부터 2020년 말까지 1년 6개월간 그곳에 센터장을 지냈다. 본격적으로 공공 일을 맡은 것은 처음이다. 새 눈이 열리고 망치로 뇌를 맞는 듯한 충격을 받았다. 전환의 과정!

그곳에는 대안 에너지/ 태양광 패널 공급/ 리빙랩, 팹랩(fab-lab-디지털리빙랩)/ 사회적 기업 투자/ 비건 패션과 비건 카페/ 자전거 활용 보급 회사/ 세 개의 공유 공방/ 비전화(非電化. 전기와 화학제품을 쓰지 않는) 공방/ 폐장난감 업사이클링 조합/ 도시 농부/ 옥상 정원 활용/ 작은 웨딩/ 공정 여행/ 공정 커피/ 아보리스트(aborist. 10m 이상의 교목을 보호하고 그를 활용해 창의 놀이와 치유를 지도하는 사람)/ 다문화 요리/ 양성평등 운동/ 청년 일자리 지원 교육/ 도시 재생/ 마을 공동체 지원 등을 하는 이들이 있었다. 하자센터, 도시 재생 센터, 50 플러스, 새활용 플라자, 알맹 상점, 공유 공구 센터 등과도 만났다.

예전에 20여 년간 내가 기업과 축제 분야에서 일하면서 접하기 힘들었던 그들은 특히 기후와 삶의 질 문제에 신경을 많이 썼다. 그들 일부는 '기후 시민'을 자처했다. 서울혁신파크 모델은 행정안전부 지원으로 전국 대도시-대전, 춘천, 전주, 제주-에도 퍼져 '커먼즈 필드(Commons Field)'가 만들어졌고 대만 두 도시에도 들어섰다. 영국, 네덜란드, 프랑스, 이탈리아 등에도 이런 모델이 있었다.

그 무렵, 저자는 서울그린트러스트 사업 감사였고, 지금도 인연을 이어가고 있다. 서울시 생활권 녹지를 확대 및 보존하고 쾌적한 도시 환경을 만들고자 2003년 (사)생명의숲국민운동과 서울시 간에 서울그린트러스트 협약을 체결하며 출범했다. 2005년부터 16년간 서울숲 공원을 경영했고, 도시 숲과 지자체 도시공원 가꾸기를 진행하며, 다양한 학술 행사를 진행 중이다. 그 인연으로 숲, 생태계, 꿀벌 보호, 재야생화 등의 중요성을 깨닫게 되었다. 이의 궁극도 기후 문제이다. 나는 춘천마임축제 감독을 하면서 축제 3.0-ESG[1]를 주장하기도 했다. 세상의 변화를 나도 모르게 최전선에서 맞은 셈이다.

'기후 소득'- 기후 행정이 국민 경제적 이익으로 연결

공무원-지자체-기업과 시민이 함께 실천하는 20가지

그러면서 해수부 장관부터 서울시장, 특보, 혁신국장, 도의

---

1   환경 Environment·사회 Social·지배구조 Governance를 책임 있게 관리하는 경영 원칙.

원, 당직자, 지자체장 출마자, 정당 홍보 위원장과 국회 사무처 국장 등 많은 공무원을 만났다. 실무부터 자문, 심사, 강의, 출마 위원회 등의 기회를 통해서였다. 서울시와 경기도 사회 혁신 이슈부터 경북의 인구 소멸 대응, 메타버스, 전국 여러 도시 축제와 도시 재생, 중소 도시 지자체장 선거 등 영역을 아울렀다. 대선에도 후보 정책을 제시했고 2025년 대선 때는 K-이니셔티브 위원회에도 숟가락을 얹었다. 그러면서 깨달은 게 네 개 있다.

하나는, 매우 심각한 지구적 문제임에도 기업과 국민 다수는 아직 기후 위기감이 없다는 점(2050년 넷제로를 실현하려면 거의 전쟁처럼 해야 함에도),

둘은, 현재 선거로 뽑는 지자체장(특히 인맥 학연 혈연이 중시되는 고맥락 지역)이 과연 길게 봐야 하는 기후 행정에 관심이 있을까 하는 의문이다. 몇몇을 제외한 다수는 지역 토호거나 정치적 역학으로 선출된 사람들이다. '주민 자치', '혁신' 말만 들어도 경기를 일으키는 지자체장도 다수 있다. "정치인은 다음 시대를 준비하고, 정치꾼은 다음 선거를 준비한다."라는 말이 있는데 불행히도 한국 지자체장 다수는 정치꾼이다.

셋은, 공무원의 역할이다. 나는 그동안 기업이 일류라고 생각했다. 그러나 공무원들은 120만 명 조직에 연 700조 원 예산과 건물, 토지, 길, 시스템 등의 인프라 활용으로 입법, 행정, 교육 등에서 국민 삶을 바꿀 능력이 있었다. 박정희(국가 인프라, 새마을 운동), DJ 한국(미래유망신기술 6T), 루스벨트(뉴딜), 싱가포르(청렴, 허브), 아일랜드(IT·금융), 에스토니아(블록체인), 르완다(자원 배분) 등은 공무원 주도로 나라를 전환했다. 반면 남미 다수 국가, 서남부 아프리카 다수, 동남아의 다수 국가는 공무원의 무능과 부패로 나라를 망쳤다. 흔히 "공무원은 일을 되게 하지는 못해도 안 되게는 할 수 있다."란 말이 있으나 실제는 일을 되게 하는 공무원도 많다. 정권이 바뀌어 공무원은 이전보다 중요한 역할을 할 거라 본다. 기후 문제는 '공유지의 비극'과 같다. 그래서 공무원이 깃발을 들어야 한다. 기후 위기 시대 공무원은 선택해야 한다. 타자를 맞춰 잡는 영리한 투수가 될 것인가? 아니면 드라마가 있는 혁신가가 될 것인가?

마지막으로 다음 시대 핵심은 기후 문제라는 점이다. 지금 기후 이상으로 지역 경제, 민생, 산업 교란 현상은 증거가 수도 없이 나타나고 있다. 이를 부정하는 이는 바보거나 극우, 정치꾼이다. AI는 효용에 관한 문제지만 기후는 생존에 관한 문제다. 2026년 6월이면 이제 지자체장 선출 선거가 열린다. 기후 공약을 거는 지자체장 후보들이 얼마이며 또한 120만 이상의 엘리트 공무원들이 얼마나 위기감을 느끼고 기후 문제에 관심을 쏟을 건지!

세 가지 희망적인 소식을 전한다. 하나는 정보경제학 권위자인 앤드루 맥아피는 그의 책『포스트피크: 거대한 역전의 시작(More from (Less)』(2020)에서 기후 문제가 개선 중이라고 밝혔다는 것이다. 4대 기수, 즉 ❖(탄소 중립 혹은 저감 및 흡수) 기술 발전, ❖자본주의, ❖대중의 인식 변화, ❖반응하는 정부 때문이다. 맥아피 교수는 책 서문에서 다음처럼 말한다.

"좋은 소식은 현재 네 기수가 모두 달리고 있다는 것이다. 따라서 우리는 급진적인 변화를 이룰 필요가 없다. 대신에 이미 진행 중인 일들을 더 많이 할 필요가 있다. (중략) 운전대를 바꾸는 것이 아니라, 그냥 가속 페달을 밟고 있기만 하면 된다."

여러분은 "운전대를 바꾸지는 말고 가속 페달만 밟으면 된다."에 대해서 어떻게 생각하나? 글쎄. 그동안은 맞는데, 단 2025년 파리협약을 또 탈퇴하겠다는 트럼프와 일론 머스크 같은 악덕 자본가들, 적색 경제 신봉자들, 전기 에너지를 하마처럼 먹어대는 AI 등을 보면 아직 이른 듯하다. 차라리 2025년 홍수 피해 때 이재명 대통령이 당부했던 "과하다 싶을 정도로 과잉 대응이 더 낫다."란 주문을 이리로 끌어와야 한다고 생각한다.

두 번째는 위 네 기수 중 반응하는 정부를 기대하게 되었다는 점이다. 2025년 새 정부 들어 대통령실에 '기후 비서관'직이 신설되었다. 1호는 서울연구원 출신으로 서울혁신파크와도 인연을 맺었던 이유진 비서관. 역할이 확대되는 기후에너지환경부의 김성환 장관은 추진력 좋고 환경에 관심이 많은 이로 알고 있다. 30년간 경제 기자였던 최남수 교수는 2025년 8월 발간한『이재명 정부, 경제 성장의 조건』에서 한국이 성장의 정점(Peak Korea)을 찍고 하락 중인데, 이를 막을 질적 전환 조건으로 1. 생산성 제고 2. 질적 성장으로의 대전환 3. 제3의 성장 커브- 산업정책 3.0(퍼스트 무버 산업 창출) 추진 4. 진보의 '왼손'과 보수의 '오른손' 모두를 쓰는 실용적 접근 5. 사회 통합 협치 6. 녹색 경제로의 전환에 절박한 집중 7. 경영혁신과 밸류업을 가져오는 ESG 경영 활성화 8. 규제 개혁 제도화 9. '기업가형 정부'와 '기업 시민'이 조화 10. 불평등 완화 등 10개를 꼽았다. 이 중 3, 6, 7번 특히 6번에 표현된 '절박한 집중'을 눈여겨보라. 서울대 기후테크센터도 2024년 10월 신성장 동력으로 기후 테크의 절박성을 강조했다. 좋은 뉴스들이다.

세 번째 희망적 뉴스는 시민들에게는 '기후 소득'이 생길 거라는 점이다. 현재 정부와 지자체에서 시행 중인 기후 소득 프로그램은 책 본문에서 소개할 건데, 추가로 ESG 경영 기업들이 탄소 배출권, 신재생에너지, 저탄소 축산 등 친환경 자산을 토큰 증권(STO. Security Token Offering)으로 발행한다면 시민은 투자로도 탄소 중립에 참가할 수 있다. 지금은 10%도 찾지 못하는 소득이다. 기후 테크도 명분과 실질 소득을 보장하는 기술이다.

이 책에는 세 단어가 자주 등장한다.

'기후 위기', '탄소' 그리고 '전환(轉換. Transition)'이다. 기후 위기는 우리가 지금 처한 대사건이고, 탄소는 그 원인이다. 전환은 단순 변화를 넘어 다른 방향과 다른 곳으로 옮긴다는 뜻이다. 인류는 세 번을 전환했다. 하나는 도구 전환이다. 유인원에서 인간으로 전환했다. 둘은 농업혁명과 산업혁명 전환. 인간은 야만에서 문명으로 전환했다. 세 번째는 칼 폴라니가 말한 대전환이다. 그는 승자 독식 경제에서 인간중심 경제로 전환을 촉구했다. 이 셋은 오로지 인간이 중심이었던 전환이다. 이제, 네 번째 전환이 우리 눈앞에 있다. 지구를 위한 대전환, '기후 행동 전환'이다. 이제까지 인류 생각과 행동이 전환하는 수술이다.

이 책은, 주 독자로 상정한 120만 공무원과 교직원 주도로 삶의 구석구석을 바꿀 수 있는 20여 가지 방법을 제안한다. 삶의 현장에서 벌어지는 관행적 기후 범죄, 그를 막을 국민적 리추얼(rit-ual) 변화, 크로노 어바니즘에 기반한 15분 도시, 교육의 세 전환, 아파트와 공원 재야생화, 집 70% 활용, 비즈니스 방식 전환, 여행 문화, 로컬의 가치와 비건 등 영역들이다. 이들은 기후 행정을 위한 항목들이기도 하다. 기후 행정은 이제까지와 다른 동기의 행정 사다리로 전환해 공동체, 지구가 더블 조화를 이루는 행정이다.

　　전환 행정의 1차 결과로 서울혁신파크 모델이 전국 260여 지
자체, 대학교, 대도시 아파트 대단지에 하나씩 있기를 희망한다.
많다고? 아니. 2025년 9월 국무회의에서 송미령 농림축산식품부
장관이 내년까지 '햇빛 소득 마을'을 100곳 확대하겠다고 보고하
자 이재명 대통령이 "왜 100개밖에 못 하느냐, 마음먹고 하면 수백
개를 할 수 있지 않으냐?" 라고 반문한 정도로 많이 해야 한다. 그
게 기후 위기 답이냐고? 아니, 그렇지만 전환의 물꼬는 트는 시도
다. 그래야 위기를 기회로 만들 수 있다. 그 공을 우선은 공무원이
받아서 '공무원이 쏘아 올린 작은 공'을 보기를 기대한다.

2026년 1월 과천에서

황인선

6   추천사 **기후 변화 시대, ESG 대전환의 청사진**

9   프롤로그 **행정이 기후를 만나면, 소득이 된다**

20   **지구가 보내온 여섯 번째 편지**

1부 도시와 공간의 전환

25   **1. 비욘드 ① – 탄소 중립 도시 설계**

28   **2. 비욘드 ② – 순환 경제 도시 모델**

38   **3. 깨어 있는 도시 – 크로노 어바니즘(Chrono Urbanism)**

45   **4. 지역 재야생화(Rewilding)**

2부 생활과 소비의 전환

59   **5. 소비 전환 – 로컬 소비 촉진**

74   **6. 의식(ritual) 전환 – 저탄소 라이프스타일**

85   **7. 비건(Vegan) – 食 선택지 확대**

99   **8. 리사이클링과 플라스틱 감축**

3부 일과 교육의 전환

113   **9. 교육 전환 – 기후 시민 양성**

131   **10. 재택근무 제도화**

138   **11. 오피스 혁신 – 제로 에너지 빌딩**

149   **12. 워케이션(Workation) – 일과 휴가의 결합**

4부   주거와 건축의 전환

155   **13. 집 활용하기 – 쉐어하우스와 코하우징**
163   **14. 목조 아파트를 짓게 된 사연 – 탄소 저장**

5부   이동과 여행의 전환

171   **15. 모빌리티 전환**
184   **16. 여행의 전환 – 슬로 투어리즘**

6부   기술과 혁신

199   **17. 행성성과 블루 테크놀로지**
204   **18. 非電+生電 – 탈전력과 에너지 생산**
211   **19. 메타버스 – 가상 공간의 기후 가능성**

7부   문화와 커뮤니티

219   **20. 커먼즈(Commons) – 공유의 재발견**
232   **21. 지방 시대와 로컬**
251   **22. 축제 3.0 – 탄소 중립 축제**

8부   기후 소득 20과 기업 ESG 엿보기

275   **에필로그 공무원은 힘이 세다**

279   **Ⅰ. 부록 – 관련 용어 설명**
315   **Ⅱ. 나의 ESG 라이프 평가표**

지구가 보내온 여섯 번째 편지

나는 그동안 나의 생명들에게 다섯 번 편지를 보냈다. 나를 우주 행성 중에 특별하게 만든 생명들이니 응당 그런 예의를 갖췄다. 예고로 화산과 지진, 홍수와 산불 등을 그 편지에 담았다. 당시 지구에 있던 생명체들은 아직 미개하여 내 편지를 이해하지 못했다. 사우루스들은 귀여워서 조금 더 두었는데 너무 시끄럽고 무지해서 나를 화나게 했다. 결국 그들은 소돔의 멸절을 피하지 못했다. 그때 내가 얼마나 가슴이 아팠던지! 인간들은 그 사건을 '다섯 번의 생명 대멸절'이라고 부르더군.

지금 내 편지는 생명들 특히 인류세 생명체라는 것들에 여섯 번째 보내는 편지다. 아! 나는 지금껏 나타났던 생명체 중에 특별히 인간종을 칭찬하고 싶다. 그대들은 나를 우주에서 가장 특별하고 위대한 행성으로 만들어 주었기 때문이다. 물론 달과 자전과 공전, 지각과 바다와 공중과 생명은 내가 주었지만 그럼에도 그대들이 내 대지에 길을 만들어 숨통을 틔었으며 바다에는 배, 하늘에는 비행기를 띄웠고 용케도 나의 송수신용 헤르메스였던 전파와 자기장까지 찾아내는 재주를 부렸으며 내 숨은 카드인 생명 진화 원리와 핵, 양성자까지 찾아내는 놀라움을 보였고 또한 내 머리와 몸체 사방으로 인공위성이란 것들을 쏘아 올려 우주 수많은 행성으로부터 돋보이게 만들어 주었기 때문이다. 너희들이 찾아냈다고 믿는 빅뱅과 블랙홀, 우주 팽창 등은 사실 나도 모르는 시원의 것들인데 너희 덕분에 어렴풋이 감을 잡기도 했다. 저 수많은 행성이 보내오는 깜박이는 빛과 꼬리별들은 나 지구에 대한 그들의 부러움이고 찬사 표시이다. 그들 찬사 속에는 질투도 있어 "혼자만 잘나가지 말라."라는 경고용으로 보내는 것이기도 하다.

그런 찬사 덕분에 내가 잠시 흥분해 그대들이 내 성의와 자원을 무단으로 약탈하고 다른 생명들을 멸종시키는 악행도 눈감아 주었다. 아, 사라진 것들에 너무 미안하구나! 또 눈물이 흐르는구나. 내 눈물은 너희에게는 폭우로 나타나겠지. 물론 나도 성질 있는 생명체인지라 대멸절 이후에도 가끔 내 압도적 위력을 보여줘 그대들에게 경외감을 심어주려 하기는 했다. 일부 선지자들과 학자들은 눈치를 챈 것 같은데 화산, 산불, 지진, 가뭄이나 폭우, 쓰나미와 지각 변동 그리고 세균 전사인 바이러스 전염병도 보냈다. 이들은 내가 가진 위력 중에

극히 일부이다. 수십억 년 동안 나는 수도 없이 그 능력을 생명들에 보여주었는데 하루살이 인간종은 아마 많이 놀랐을 것이다. 그러나 그것이 나의 압도적 실체임을 잊지는 말기를!

그대들은 다섯 번째 멸절을 아는 지구 유일한 종이다. 그대들이 만든 이 지질 시대를 인류세라고 한다지? 건방지도다. 아니다. 내가 착각했다. 그건 너희들이 스스로 경계하고 자숙하자는 뜻이었구나! 제법이다. 그러니 나의 성질과 위력을 잘 알 걸로 믿는다. 다른 행성이 보내오는 찬사도 이제는 경고로 변했다. 무엄하게도 하루살이들이 내 형제들인 달과 화성까지 노리다니! 그대들의 도를 넘는 거만과 횡포가 나를 지치고 짜증 나게 한다. 차라리 그때 큰 도마뱀들이 순진하고 귀여웠다. 그래서 몇 놈은 살려 두기도 했건만.

길게 말하지 않겠다. 이것이 나의 여섯 번째 편지다. 최근에 이전처럼 경고를 미리 보냈으니 잘 대처하기를. 아, 존재의 덧없음이여!

1부
도시와 공간의 전환

1. 비욘드 ① - 탄소 중립 도시 설계

2. 비욘드 ② - 순환 경제 도시 모델

3. 깨어 있는 도시

- 크로노 어바니즘(Chrono Urbanism)

4. 지역 재야생화(Rewilding)

광고 회사에 10여 년 근무한 H부장이 K기업에 마케팅 기획부장으로 경력 입사를 했다. K기업은 당시 100년이 넘는 기업 역사, 전국 유통망에 직원도 5,000명이 넘었다. 오랜 독점에 익숙했던 그들은 시장이 강력한 외국 브랜드에 개방되자 빠른 속도로 시장을 침식당하고 있었다. 직원들 사기도 꺾이고 패배감이 너무 강했는데, 더 문제는 젊은 소비자들의 빠른 유출이었다. 비교적 젊은 새 사장은 사운을 걸고 마케팅국을 신설하고 브랜드 매니저를 육성했지만 역부족이었다. 상대가 워낙 강했던 탓이다. 당황한 그들은 외국 경쟁 브랜드를 모방만 했다. 그러나 오랜 독점과 횡포에 식상한 젊은 소비자들과 유통의 반발 이탈 욕망이 너무 강했다. H부장은 브랜드 전략보다는 기업의 명성, 평판을 올리고 체질 전환과 (변화를 넘은) 젊은 소비자의 마음을 잡는 것이 더 시급하다고 보았다. 그게 답이라는 확신은 없었다. 그러나 K기업이 처한 상황은 초유의 상황! 그래서 '미친 짓'을 했다. 혁신의 아이콘 서태지의 6집 앨범 출시에 맞춰 한국의 젊은이 800명을 세 척 배에 태우고 동해를 건너 블라디보스토크로 가서 하는 파격적인 공연 이벤트를 기획한 것이다. 아주 위험하고 무모한! 이것은 어쩌면 자신을 베는 칼이 될 수도 있었다. 신문과 방송에 크게 보도되었으나 "미친 거 아냐?", "그걸 왜 하는데? 이벤트 쇼?" 내부 반발과 외부 조롱이 있었다. 어렵게 치른 그 이벤트는 '절반의 성공, 절반의 실패'라는 평을 받았다. 성공은 서태지, 실패는 K기업의 것이라며.

내부에서 비난에 시달렸지만, H부장은 이어서 대학생 대상 '마케팅 스쿨'을 열고 '(온라인) 상상마당'-'홍대 앞 상상마당'에 이어 문화 명사와 컬래버 브랜드 출시, 상상 커뮤니티를 만드는 파격을 잇달아 터트렸다. 경쟁사로부터 "듣보잡 마케팅을 한다."란 말이 들려왔다. 그건 그들이 당황했다는 표시다. K기업 일부 임직원이 H부장의 깃발에 호응하면서 잇달아 새로운 브랜드를 출시해 드디어 성공작들을 만들어 냈다. 젊은 소비자들이 K기업 활동에 주목하기 시작했다는 데이터도 포착되었다. 5년 후 H부장은 그 회사를 나왔다. K기업은 어느 정도 시장 안착을 했고 소비자들 충성도는 높아졌고 조직의 자신감도 많이 올라갔다.

독자들은 감 잡았겠지만, H부장은 이 책의 저자 본인이다. 처음에 H부장은 K기업이 토털(Total)로 '전환'해야 한다고 믿었지만, 독점에 익숙했던 직원들은 전환을 무서워하고 자신보다는 다른 사람이 변화와 혁신을 일으켜 주기를 그리고 브랜드 하나면 될 거라고 오판했다. H부장은 어차피 용병, 과감하게 죽음의 키를 잡았다. 승진은 머리에 없었다. 그것이 그의 독자적 사례가 되고 그의 이력에 성공의 깃발 표식이 되기만을! 그는 결국 반은 잃었고, 반은 얻었다. 12년간 승진도 못 하고 회사를 나온 것은 잃은 것이고.

'상상의 아버지', '문화 마케팅의 선구자'라는 타이틀이 붙은 것은 얻은 것이다. 퇴사 후 책을 냈고, 축제 총감독을 했고, 서울혁신센터장을 한 것도 얻은 것이다. 그는 보통의 마케터에서 문화 마케터로 비욘드를 했다. 그 경험을 바탕으로 점점 자신을 넘어갔다. 혁신과 전환을 마다하지 않은 이에게 주어지는 보상이다. K기업도 많이 변했다. 좋은 쪽으로.

현재의 기후 문제는 인류에게 있어 K기업이 겪은 것보다 훨씬 더 큰 초유의 위기다. 공무원들은 오랫동안 독점에 익숙한 직원과 같다. 누가 '기후 스쿨', '기후 행동 마당'을 만들 것인가? 아무도 그 뜨거운 깃발을 잡지 않으면 나를 넘는 비욘드는 일어나지 않는다. 이제 도시도 메가, 메트로 같은 양적 개념을 넘어 탄소 중립을 넘어선(Beyond) 탄소 네거티브 도시(도시 마스터플랜에 탄소 중립 의무화), 스마트 그리드와 에너지 자립, 그린 인프라 구축(재생에너지 발전 인센티브), 15분 도시(크로노 어바니즘) 등으로 전환해야 한다. 그 비욘드의 가장 큰 동력은 아무래도 힘이 센 공무원들에게 있을 것 같다.

2. 비욘드 ② - 순환 경제 도시 모델

2억 5,000만 년 전 페름기, 지금의 시베리아 지역에 초거대 화산이 폭발했다. 초거대 화산 분출로 이산화탄소가 대거 방출돼 지구 온난화가 발생했다. 석탄 속 메테인(탄소 원자 하나와 수소 원자 네 개로 이루어진 가장 간단한 탄화수소. CH_4. 무색·무취의 가연성 기체)이 대량 방출되었다. 온난화가 가속화하고 바닷물 온도가 오르면서 녹아 있던 산소 분자가 대기로 빠져나갔다. 바다에는 산소가 부족해지고 이산화탄소 때문에 해양 산성화가 일어났다. 바다가 따뜻해지면 넓은 수역이 성층화(成層化. 바닷물이 섞이지 않고 여러 층으로 나뉘는 현상)한다. 심층수와 표층수 사이의 기체 교환이 억제되어 특정 지역에서 산소가 극소화되는 현상이 빚어진다. 독일 기후학자 한스 오토 피르트너가 죽음의 세 조합이라 부른 '온난화', '산소 부족', '해양 산성화'가 일어났다.

그리고 다시 회복이 일어났다. 이는 지구 위에 살고 있는 생명의 역사가 아닌, 생명을 죽이고 살려내는 지구 그 자신의 역사다. 그 행성에 생명이 다시 태어났다. 그렇게 지구는 다섯 번의 생명 대멸절을 기록했다.

이제 다시 지구, 여섯 번째 생명!

행성에서 시작한 신비와 경이는 결국 영장류, 인류 출현으로 이어졌다. 7조 개의 세포로 이루어져 생물간 협업으로 소우주를 형성한 신비 생명, 인간의 무한 진화! 300만 년 전에 인류 종인 호미닌(hominin. 사람 속. 현생 인류와 그 직계 조상을 포함하는 분류. 약 250만 년 전에 등장하여, 호모 하빌리스 등장과 함께 오스트랄로피테신의 선조로부터 진화한 20여 종으로 추정)이 출현했고, 그중에서 30만 년 전 호모 사피엔스가 나타나면서 종의 진화가 빠르게 시작되었다. 46억 년 지구 나이로 보면 아주 최근에 생명의 진화는 전광석화 속도로 진행했다. 이들 사피엔스 종은 우주, 신, 철학과 예술, 미래 예측 같은 추상적 사고가 가능한 지구 유일종이며 현재로서는 우주 유일종이다. 그들의 욕망과 열망으로 농업혁명, 산업혁명이 일어났다. 그 제일 동력은 석탄과 석유의 채굴이었다.

석탄, 석유- 판도라의 항아리

석탄과 석유는 인간에게 눈부신 기술 문명 발전의 에너지가 되었다. 석탄은 산업화의 시발점이 되었는데 뒤에 등장한 석유는 석탄보다 운반하기 좋았고 효율도 압도적으로 높았다. 미국에서 처음으로 석유 보일러 구동 배가 운행이 되자 세계는 앞다퉈서 석유를 개발했다. 그 둘은 혁명이었지만 석유는 인간에게 판도라의 항아리처럼 안 좋은 것도 두 개를 주었다. 하나는, 대량 살상 전쟁인 1, 2차 세계 대전을 일으킨 핵심 동력이 되었다는 점이다. 그 전쟁 중에 전함, 비행기, 자동차, 탱크 등이 만들어졌는데 이 무겁고 무서운 것들엔 효율 좋은 석유가 절대적 에너지원이었다. 석유를 생산할 수 없었고 제대로 확보하지 못한 독일, 일본, 이탈리아는 결국 전쟁에서 졌다.

퀴즈 다음 중 세계 최초의 원유 생산국은?
① 사우디아라비아 ② 미국 ③ 이란 ④ 루마니아

루마니아는 세계 최초 원유 생산국이다. 판도라의 항아리를 먼저 열었다는 뜻이다. 미국보다 2년 빠른 1857년에 원유를 생산해 1차 세계 대전 당시 유럽 최대 산유국이었다. 1차 대전 때 연합국의 편에 섰다가 석유를 노리는 독일 침공을 받자, 영국 압박으로 석유 시설을 전부 파괴해 버렸다. 독일은 결국 패배했다. 루마니아는 2차 대전에는 독일 편에 붙었다가 미국 공군의 대대적인 폭격으로 생산 시설이 초토화되었다. 전쟁 막판에 연합국으로 돌아섰으나 다수 원유 시설을 소련에 빼앗겼다. 다급해진 독일은 석탄을 가공해 합성석유를 개발했지만 전함, 탱크, 비행기를 몰기에는 역부족이었다. 미국은 진주만 습격 이후로 참전을 선포하고 전시 체제로 들어갔는데 당시 세계 최대 원유 생산국이었음에도 휘발유 배급 제도를 시행했다. 혼자 차를 타면 벌금을 부과했다. 카풀을 적극 권장했던 이때 구호가 "자리를 비우면 히틀러가 탑니다."였다. 미국은 이렇게 절약한 석유를 연합국에 아낌없이 지원했다. 그리고 거기서 그치지 않았다.

세계 지배 에너지로 석유의 가능성을 내다본 루스벨트는 1945년 2월, 2차 대전 종전 협상인 얄타회담을 마치자, 바로 아픈 몸을 이끌고 수에즈 운하에 전함을 대고 누군가를 만났다. 그는 당시 통합 부족장 정도였던 이븐 사우드 사우디아라비아 초대 국왕이었다. 그 회동으로 미국은 사우디와 석유 공급 동맹을 맺어 전 세계 석유 패권을 차지하고 그 결정은 이후 미국 운명을 바꿔 놓았다. 1900년대 세계는 결국 석유가 지배한 셈이다. 그러나 석탄, 석유가 판도라의 항아리인 이유는, 이들의 탄소 무한 배출로 지구온난화 재앙도 불러들였다는 것이다. 석탄과 석유 지원으로 최근 200년 동안 인류 숫자가 로켓 발사각 기울기로 늘어났고, 인간은 극소와 극대의 공간을 빼면 지구를 거의 다 점령했다. 대신 지구가 끓기 시작했다. 장작불이 초막을 달구듯이!

몇 개의 지구가 필요한가?

21세기도 20년이 지났다. 시간을 뒤로 보면 20년 동안 엄청난 기술 진보가 있었고, 앞으로 보면 21세기를 완성하는 '기(起)의 기간'이다. 전례 없는 진보는 전례 없는 자원 소비를 불렀다. 지금 인간이 쓰는 연간 자원 소비는 생태 역량으로 보면 지구 1.4개가 필요한 양이다. 30평 집을 42평으로 늘려야 거주가 가능하다. 지구가 수십억 년 축적한 것을 매년 40%씩 더 빼다 쓰는 셈이다. 나라별로 보면 미국은 5.4개 지구, 캐나다도 4.2개 지구가 필요하다. 영국 3.1, 독일 2.5, 이탈리아 2.2, 코스타리카 1.1, 인도 0.4개다. 한국은? 캐나다와 영국 중간 정도다.

우리가 현재 재앙으로 느끼는 기후 위기 원인은 이들 국가가 초래한 지구온난화(사실은 '가열화'나 '난로화'가 더 맞다) 한 단어로 요약된다.

1850년은 산업화 기준 해로, 지표 기온 관측이 광범위하게 시작된 시기이다. 이후 지구 평균 지표 기온은 꾸준히 상승해 왔다. 2014년 이후 2016년과 2017년은 각각 관측 역사상 전 지구 평균 지표 기온이 가장 높았던 해와 세 번째로 높았던 해다. 'IPCC(기후 변화에 관한 정부 간 협의체. Intergovernmental Panel on Climate Change. 5~6년 간격으로 기후 변화 평가보고서를 발간해 기후 변화 추세 및 원인 규명, 그에 따른 사회경제적 영향, 대응 전략에 대한 과학적 정보를 제공) 5차 보고서'에서는 만약 우리가 현재처럼 배출한다면 2100년에 이르러 지구 평균 지표 기온이 산업혁명 전 대비 약 4도에서 5도 정도 증가할 것으로 예상했다. 현재가 기준 시점 대비 1.4도 올랐는데도 이런 기후 난리라면 4~5도 상승 결과는 현재로서는 짐작조차 어렵다.

대기 중 기체들이 온실효과 발생에 미치는 비중은 이산화탄소(60%) 〉 메테인(15%) 〉 대류권 오존(8%) 〉 아산화질소(5%) 순이다. 유기물이 부패하면서 발생하는 메테인은 온난화 잠재력이 이산화탄소보다 21배 크고 냉장고 냉매를 만들 때 나오는 수소불화탄소(HFCs)는 이산화탄소의 1만 1,700배다. 지구온난화는 기온 상승만 일으키지 않는다. 자연은 복잡계다. 꼬리에 꼬리를 물로 연쇄 반응이 일어나며 어떤 것은 나비효과를 일으킨다. 기온 상승은 해양 산성화(이산화탄소 배출로 전환), 산호 백화현상을 발생시켜 수중 생태계 교란으로 이어진다. 제주도에서 참치, 열대어가 잡히고 대구, 오징어, 멸치 서식지는 북상하고 있다. 강릉 가뭄, 미국과 유럽의 유례없는 한파, 폭우, 폭염 같은 기후 대란도 일으킨다. 몽골 고비사막엔 '독수리 계곡'이라는 율링암이 있다. 여름에도 얼음이 녹지 않아 '얼음 계곡'으로 유명했던 곳이다. 그러나 최근엔 9월까지 얼음을 볼 수 없다. 울란바토르 일대는 비 오는 날이 부쩍 늘었고 몽골 국립공원 메카로 불리는 테를지에서는 2025년 8월 내가 머물던 4일 중 3일이나 비가 왔다. 3년 전부터 부쩍 그런다고 했다. 온난화는 삼림 건조화를 진행해 초대형 산불을 유발한다. 나무는 수령 수십 년 동안 탄소를 저장하는 탄소 저장고다. 나무를 태우는 산불은 역으로 엄청난 양의 이산화탄소를 일시에 토해낸다. 숲이 사라지면 생태 중매쟁이 꿀벌, 생태 조정자 늑대

등도 사라진다. 우리가 사랑하는 고기에도 문제가 생겼다. 〈야생 포유류의 글로벌 바이오매스(Biomass. 생물량 혹은 유기체의 질량) 보고서〉에 따르면 지구 야생 바이오매스의 총합은 1,109Mt(메가톤. 1메가톤은 100만 톤)인데, 가축(651)〉인간(394)〉야생 해양 포유류(40)〉야생 육상 포유류(24) 순의 비중이다. 인간과 인간이 키운 가축이 전체의 90%를 차지한다.

소나 돼지 같은 대형 가축들은 배설물, 트림, 방귀 등으로 엄청난 양의 온실가스를 배출한다. 정지용 시인이 〈향수〉에서 노래한 '♬얼룩백이 황소가/해설피 금빛 게으른 울음을 우는 곳' 그 향토적 울음이 이젠 탄소 울음이라니! 2013년 '유엔식량농업기구(FAO)'는 축산업이 전 세계 온실가스 배출량의 14.5%를 차지한다고 추정했다. 이런 위기 징후는 일상에서도 체험한다. 2025년 한국에 태풍이 한 번도 오지 않았다. 열대야 일수도 기록을 갈아치웠고 가을인데 강우 일수가 전례 없이 길었다. 우리 집 앞에 감나무가 익기도 전에 꼭지가 썩어 떨어졌다. 이런 해는 처음이다.

그래서 '비욘드(Beyond!)'해야 한다. 어디로?

"선형 경제에서 순환 경제로"

비욘드는 나를 넘어 어디론가 더 나은 곳으로 가는 전환이다. 비욘드 소비, 비욘드 투어리즘, 비욘드 욕망, 비욘드 네트워크, 비욘드 스마트로 과거 관행을 넘어서기! 일회용품 규제 강화, 폐기물 제로(재활용 인프라 확대), 자원 순환 시스템 구축(생산자책임재활용제도. EPR) 개선 등의 방법이 이미 나왔다. 이들은 이제 행정의 전선(frontline)을 이룰 것이다. 공무원들이 먼저 전선에서 비욘드하고 비욘드 피플(비욘더)을 지원 육성해야 한다. 현재 지구인 중 최소한 5%가 비욘더로 전환하면 세상을 바꾸는 지렛대가 될 수 있다. 어렵지만 해야 한다. 어떻게?

"전환 선택-기후 행정으로"

문제는 선택이다. 선택이 역사를 바꾼다. 『총·균·쇠』 저자 재레드 다이아몬드는 2019년 저서 『대변동: 위기, 선택, 변화』에서 다음처럼 썼다.

"내가 비관주의자의 푸념에 귀를 기울이지 않고 또 희망을 포기하지 않고 역사에 대해 꾸준히 글을 쓰는 이유가 여기에 있다. 우리에게는 선택권이 있다. 위기는 과거에도 국가를 곤경에 빠뜨렸고 지금도 마찬가지다. 그러나 현대 국가와 현 세계는 어둠 속에서 헤맬 필요가 없다. 과거에 효과를 발휘한 변화와 그렇지 않았던 변화가 올바른 방향을 제시할 것이기 때문이다."

선택은 문명에도 나타난다. 『모든 것의 새벽: 다시 쓰는 인류역사』(데이비드 그레이버 외)도 문명 선택권에 주목한다. 당신은 그동안 "인류는 구석기-신석기-농업혁명-국가와 권력-도시 혁명-산업혁명 등의 단계를 순차적으로 거쳐 진화해 왔고 이것이 법칙"

이라고 배웠을 것이다. 그런데 19세기 유럽 우월주의 학자들 주장일 뿐 그것이 사실이란 증거는 없다. 일방적 법칙이 아니라 선택이 역사를 바꿨다. 저자들은 다음 의문을 던진다.

*신석기에서 농업혁명/국가/도시로 이어지는 과정이 왜 수천 년이 걸렸고 일부는 가지 않았을까?

*영국 등에서 발견되는 (고대의 스톤헨지 같은) 거석, 숭배 유적들은 과연 수렵을 포기하고 농업화된 부족들의 도시국가를 증명하는 것들일까?

*북아메리카 인디언 중 뛰어난 일부는 19세기 그 유럽 학자들과 만나 유럽 국가의 형태를 반인권/비민주적인 것으로 보고 '당신들은 행복한가?' 물었는데 왜 유럽 학자들은 그 지적에 당혹감을 느꼈을까?

*또한, 고고학의 새로운 발견에 의하면 북미 아메리카 선주민들은 수천 년 전에 북아메리카 남부에 고대 문명을 건설한 수준이었는데도 그들은 왜 끝내 농업과 도시화를 거부했을까?

인류 중 다수 부족은 자의식을 따라 농업을 거부하고 채집과 수렵을 선택했고 건기와 우기, 여름과 겨울 등 계절적으로만 도시를 이뤘다. 이 책이 주목하는 단어는 '자의식'과 '선택'이다. 다이아몬드 교수가 말한 그 '선택권', 바로 다음 같은 헌법재판소 선택 말이다.

"2050년은 넷제로(Net-zero)…2035년 국가 온실가스 감축 목표(NDC)를 2018년 대비 61.2% 이상으로 설정해야 한다. 이는 '기후 변화에 관한 정부 간 협의체(IPCC)'와 헌법재판소의 국제적 합의 및 과학적 연구에 근거한 감축 경로(2019년 대비 60%)를 한국 기준(2018년)으로 환산한 결과다. 헌법재판소는 감축 목표가 과학적 연구와 국제적 합의에 따라야 한다고 판시했으며, 국가인권위원회도 61.2% 감축을 권고했다. 현재 한국의 2030년 감축 목표는 2018년 대비 40%로, 2035년 목표는 이보다 훨씬 높은 수준이다."- AI 대답

3. 깨어 있는 도시 - 크로노 어바니즘(Chrono Urbanism)

과거엔 도시를 공간으로만 봤다. 메트로, 메갈로 다 공간 언어다. 그러나 점점 도시를 시간으로 해석하는 시각이 늘고 있다. 도시의 삶을 시간으로 보면 도시 디자인 전환 포인트도 달라진다. 도시의 시간과 로컬의 시간은 차이가 크다. 그 시간 중에 중요한(critical) 게 '이동 시간'이다. 현재 도시에 '저녁이 있는 삶'은 턱도 없다. 인구가 몰리고 자동차, 도로가 늘어나면서 생긴 도시의 쏠림과 팽창이란 두 이유 때문인데 도시는 GTX, (초)저심 도로를 짓는다며 팽창 계획만 세운다. 시간 정책인 듯하지만, 결과적으로는 공간 팽창과 인구 쏠림, 더 많은 자동차 이용만 유인한다. 그러면서 또 한편으로는 지역 균형, 지방 시대, 친환경을 운운한다. 지구가 바라보면 이럴 것이다. "헹, 그런 엇박자 정책이 어딨나?"

15분 도시

15-minute city(FMC). 파리 1대학의 카를로스 모레노 교수가 기존의 '20분 마을'에서 영감을 받아 2016년에 쓴 『도시에 살 권리』에서 제안한 개념이다. 핵심 개념은 두 가지다. 첫째, 일상생활에 필요한 서비스에 15분 내 접근하도록 컴팩트한 도시 공간을 조성하고, 둘째, 도보와 자전거를 이용하고 도시 내 공원 등 녹지 공간을 확보하여 탄소 배출을 줄이고 녹색 도시를 만드는 것이다. '15

분'이나, '자전거'가 핵심이 아니라 '지역에 대한 이해'를 바탕으로, 서비스 근접성, 탄소 중립, 삶의 질을 높이는 환경, 이웃과의 사회적 연결성 등을 고려해 사람과 자연환경이 중심이 되도록 도시를 재구성하는 것이 핵심이다.

15분 도시는 ❖크로노 어바니즘(Chrono-Urbanism), ❖크로노토피아(Chronotopia), ❖토포필리아(topophilia)라는 세 가지 개념을 토대로 한다.

크로노는 그리스에서 시간을 관장하는 신 크로노스(Chronos)에서 온 말로 시간을 나타내는 접두사이다. 크로노 어바니즘은 도시를 '시공간'으로 본다. 이를 위해 크로노토피아와 토포필리아가 이루어져야 한다. 크로노토피아는 시간(밤과 낮, 주중과 주말, 명절이나 방학 기간 등)에 따라 공간의 용도가 유연하게 바뀔 수 있다는 것을 의미한다. 학교를 방과 후에 사회 활동이나 문화 활동을 위한 공간으로 제공하고, 낮 시간엔 나이트클럽을 스포츠 센터로 사용하며, 인근 상업시설에서 물품 수선 교육도 하는 방식이다. 이에 반응하는 스마트 조명이나 탄력적 교통 시스템은 이미여러 도시에서 실천 중이다. 스코틀랜드의 커뮤니티 골프장은 밤에는 동네 주민들의 회의장이나 사교장으로 제공한다. 토포필리아는 장소에 대한 애착을 말한다. '토포필리아=로컬 사랑'이 있어야 도시를 공동의 공간으로 만들어 갈 수 있다. 이런 전환은 쉽지

않다. 모레스 교수는,

　"결국 살아있는 도시를 만든다는 것은 공동의 자산을 위해 투쟁해야 한다는 점을 인식하는 것"

이라고 주장한다. 시민들이 장소에 대한 애착을 갖기 위해서는 영국 데본주의 유명한 전환 마을 토트네스가 '에너지 다운을 위한 기술 업(Skilling up for energy down)' 계획을 운영한 로드맵처럼 프로젝트 시작부터 마지막까지의 과정에 참여하고 장소를 돋보이게 하는 연출, 예술 활동을 하는 게 필요하다.

　나는 이 책을 쓰면서, 전에는 컨벤션 도시, 소비 도시로만 기억했던 부산이 15분 도시를 지향하는 활동을 많이 한다는 것을 알게 되었다. 부산은 내게 기피(!) 도시였는데 그로 인해 갑자기 좋아졌다. 모레노 교수는 2025년 3월 부산을 방문해 부산의 어린이 복합문화공간인 '들락날락(부산에 100여 곳)'과 '우리동네 사회가치경영(ESG)센터' 등에 큰 관심을 보였다고 한다. 들락날락은 유엔 아시아 태평양 경제사회위원회(UNESCAP, United Nations Economic and Social Commission for Asia and the Pacific) & 시티넷 공동 주관 SDG 시티 어워즈에서 세계 70개 도시 중 대상을 받은 바 있고 우리동네 사회적경영 센터는 그린 월드 어워즈(2025)에서 시니어 인력을 활용해 지역 내 폐자원을 선순환하고 지속 가능한 환경보호 모델이라는 점에서 은상을 받은 바 있다.[1]

특별한 서울시는 잘 모르겠다. 한강 버스? 글쎄.

메타형 15분 도시

다음은 프랑스 파리와 호주 멜버른 두 도시의 15분 도시 사례다.

파리: 센 강변 일부에서 차량 통행을 금지, 자전거도로로 대폭 확충과 소규모 공원들을 조성. 그 외에도 ❖학교 아이들이 교내에 넣고 싶은 녹지를 그려 기업에 의뢰하고 주말에도 공간을 열어준 파리 오아시스 프로젝트, ❖최소 5인이 함께 등록해 식물 심기, 물 주기, 유지 관리를 통해 녹지를 관리하는 녹지 허가 캠페인, ❖집 앞 주차 공간으로 이용되던 곳을 화단이나 테라스 설치, 자전거나 전동 킥보드 등 대중교통 주차장으로 활용하는 우리 집 10m 정책, ❖낮에는 카페인 공간이 밤에는 강의실로 사용

---

1   1890년대 영국 도시계획가 에버니저 하워드가 구상한 '정원 도시(Garden City)'와 1920년대 미국 도시학자 클라렌스 페리가 제시한 '생활권(Neighborhood Unit)' 개념은 접근성과 보행성이 좋고 자급자족할 수 있는 지역 공동체 모델을 후대에 남겼다. 이 모델은 1930년대 모더니스트 어바니즘, 1980년대 포스트모던 어바니즘, 2000년대 에코-어바니즘, 2010년대 스마트시티에 이어 지금의 15분 도시 모델에까지 영향을 끼쳤다. 15분 도시는 2020년 7월 서울, 런던, 파리, 뉴욕 등 주요 40개 도시가 참여하는 'C40(기후리더십그룹)'에서 어젠다로 채택됐다. 파리를 비롯해 바르셀로나, 포틀랜드, 멜버른, 오타와, 부산 등은 각자 환경과 문화에 맞춰 다양한 15분 도시 모델을 도입했다.

되는 다중 사용 건물을 지원했다.

멜버른: 사람들은 20분 이내면 걸어가고(대략 1km) 걸어서 20분이 넘으면 자동차를 타려 한다. 세계에서 살기 좋은 도시로 꼽히는 해안 도시 멜버른은 오스트레일리아에서 가장 빠른 성장세를 보이는 도시로, 2051년에는 인구수가 290만 명 더 증가할 것으로 예상한다. '멜버른 플랜(2017~2050)'은 이러한 예상 인구 성장을 고려해 생활 SOC와 주거 시설, 대중교통을 안정적으로 확충하고, 무엇보다 성장하는 도시의 수요를 해소하기 위한 계획이다. 멜버른 20분 동네의 기본 모토는 '지역적인 삶(living locally)'이고, 핵심 공간은 '동네 활동 센터'다. 동네마다 하나씩 있는 상점 밀집 공간에 카페·병원·약국·도서관·어린이집 등이 들어서면서 조성되는데, 지역 인구 특성에 따라 조금씩 다르게 꾸며진다. 주민들은 동네 활동 센터에 들러 장을 보거나, 카페, 병원이나 약국에 간다. 도서관을 방문해 책을 읽기도 하고 어린이집에 자녀를 맡기기도 한다. 동네 활동 센터에서 주민들은 이웃끼리 자연스럽게 서로 인사를 나누며 친해진다.

멜버른의 넓이는 9,900㎢(서울의 16배), 인구는 약 532만 명이고 부산은 12배 작은 768㎢ 넓이에 약 330만 명이 산다. 부산은 교육·창업·복지·건강·문화·체육 등에 특화된 거점 공간을 동네마다

촘촘하게 조성했다. 어린이 복합문화공간 '들락날락'은 2026년까지 총 200곳을 개관할 계획이다. 어르신을 위한 '하하 센터'는 해운대구와 사하구에 이어 동래구에도 들어설 예정이다. 디지털 앱을 활용해 소통과 접근성도 높였다.

크로노 어바니즘 구상엔 '깨어 있는 시민'과 '호응하는 공무원' 두 기수가 필요하다. 그래야 현재처럼 좌와 우 갈등 프레임에 갇혀 있는 가두리 도시에서 깨어 있는 도시로 전환할 수 있다. '깨어 있는(woke)' 개념은 '깨어 있는 자본주의'에서 빌린 개념이다. 깨어 있는 자본주의는 모든 이해관계자(주주/직원/고객 등)의 이익을 균형 있게 추구하는 새로운 자본주의 모델이다. 특히『돈 착하게 벌 수는 없는가(깨어있는 자본주의에서 답을 찾다)』의 공동 저자인 존 매키(홀푸드마켓 설립자), 라젠드라 시소디어('깨어 있는 자본주의 연구소' 소장, 벤틀리대학 교수)는 이 가치를 적극 옹호한다.

그런데 한국 도시는 15분 도시 방법은 외국과는 달리 볼 필요가 있다. 한국은 미국과 함께 메타버스 특허 보유 2대 강국이기 때문이다. 유럽 등은 우리보다 늦다. 그래서 AI, 메타버스 등 원격기술을 활용한 차별화된 메타형 15분 도시에 유리하다. 그러려면 깨어 있는 시민/기업/행정 삼박자 협조가 필요하다. 최근 검찰개혁, 방송통신미디어법 등을 이루어 낸 국회와 정부 추진력이라면 기대해 볼 만하다.

나는 코로나19 기간에 이런 뉴 크로노 어바니즘 구상을 담은
책『Ready, 네 개의 세상』내용으로 파주, 전주, 경북, 경기도 등
공무원 대상으로 화상 설루션 시티를 다수 강의했었다. 당시 공무
원들은 흥미로워했는데 코로나19 이후 분위기가 팍 식었다. 그러
나 프롭테크 기업 '직방'(재택근무에서 더 다룸), 네이버, 일부 지자
체의 전환 예를 보면 원격 기술을 통한 15분 도시는 다시 달궈 볼
때가 되었다.

4. 지역 재야생화(Rewilding)

우리나라엔 도시의 숲을 보존하고 복원하면서 시민 대상으로 그 가치를 교육하는 단체들이 여러 개 있다. 생명의 숲이 대표적인데 서울 그린 트러스트도 시민 참여를 바탕으로 서울시 생활권 녹지를 확대 및 보존하고 쾌적한 도시 환경을 만드는 비영리 재단법인이다. 2003년 (사)생명의숲국민운동과 서울시 간에 서울그린트러스트 협약을 체결하여 '서울 그린 비전 2020'을 바탕에 두고 출범했다. 성수동에 있는 서울 숲을 2005년부터 2021년까지 위탁관리했고 현재는 서울의 여러 구청, 궁궐 숲 보존, 화분 보내기, 꿀벌 보호, 학술 대회 개최 등 사업을 한다. 나는 2019년 서울혁신센터장을 하기 직전 그곳의 사업 감사를 맡아서 지금까지 그린 인연을 맺어 오고 있다.

2022년 성수동에서 열린 그린 트러스트 세미나에 참가했다가 '재야생화' 개념을 처음 접했다. 어감이 좋았다. 자료를 찾아보니 재야생화(rewilding)는 기존 생태 복원과 달리 토착종 복원에 중점을 두지 않으며 생태계에 혼란을 주는 인공 구조물을 해체하거나, 산업으로 오염된 부지를 회복시키는 등 자연이 자생력을 회복하도록 돕는 활동이 핵심이다. 정책으로는 ❖도시공원 야생화, ❖생물다양성 증진(생태통로 조성 의무화), ❖탄소 흡수원 확대(나무 심기 캠페인) 등이 동원된다.

1990년대 미국 환경단체 '어스 퍼스트(Earth First)' 대표 데이브 포어맨과 보건 생물학자 마이클 사울에 의해 제시되었으며, 현재는 국제자연보전연맹(IUCN) 리와일딩 워킹그룹에서 재야생화 원칙과 지침을 개발하며 제도화하고 있다고 한다. 유럽에서는 70여 개 재야생화 프로젝트가 진행 중이다. 2022년 런던 동물학회도 도시 '재야생화'가 환경과 사람들에게 긍정적인 영향을 미칠 수 있다고 발표했다. 이 운동은 자연에 대한 우리의 무지와 '원(源. original)-자연'을 깨는 도시화에 대한 반성에서 왔다. 『잃어버린 야생을 찾아서』 저자 제임스 매키넌에 따르면 지구에서 진정한 야생은 고작 10%밖에 남아 있지 않다고 한다. 90%는 인공 자연이거나 인간에 의해서 파괴되고 변질해 버렸다. 이미 43만 종의 생명이 멸종됐다. 지구 맘에 홀로코스트를 저지른 것이다. 한국은 명색이 세계 4위의 삼림 강국(!)이지만 "산 껍데기만 녹색"이라는 민망한 별명이 있다. 군사정권 시절에 인위적으로 단기간에 싼 나무로 조림된 탓이다. 지금은 그 산조차도 산불과 산사태로 파괴되고 있다.

싱가포르, 독일 등에서는

도시 개발을 위한 자연 파괴로 메르스, 에볼라, 코로나19처럼 팬데믹에 노출되는 경우도 잦아지고 있다. 대안으로 싱가포르 및 독일은 도심 내 공원, 철로, 강어귀, 습지, 묘지 등을 활용한 도시 재야생화로 전환 중이다. ❖기후 재해 완화 ❖생물다양성 증가 ❖공중보건 개선 ❖생태문화관광을 위한 전환이 목적이다.

싱가포르는 인구 590만의 작은 도시국가임에도 여러모로 벤치마킹 대상인데, 그 나라는 1967년 건국 이래 모든 국민이 집을 소유할 수 있도록 값싼 채권을 주고 토지를 수용해 국토 80%가 국유지다. 이 국유지를 기반으로 '반값 아파트'+'연금 담보 자금 지원'을 했다. 현재 싱가포르 주택의 80% 가량은 주택개발청(HDB)이 공급하는 공공주택이다. 그 나라에 도시는 당연히 생존 기반 그 자체이다. 친환경 매체인 〈뉴스펭귄〉(https://www.newspenguin.com/)의 2022년 9월 23일 보도에 따르면 싱가포르는 최근 다양한 관목과 나무를 도시에 심어 생물다양성을 늘리고, 비행 동물 생태통로로 활용한다. 빗물 여과로 폭우 피해를 줄이고, 나무 그늘로 폭염, 열사병 피해도 감소시켰다. 도심 속 부킷 티마 숲은 밀렵을 근절하고 생태계 재야생화로 사슴이나 멧돼지가 관찰된다. 독일을 대표하는 공업도시였던 뒤스부르크에 위치한 란트샤프트 공원은 버려진 제철소 등에 야생식물 군락을 조성해 현재 2,000종의 식물을 포함, 세계자연보전연맹 적색목록에 등재된 멸종 위기종 50종의 식물원으로 거듭났다. 또한 등산로, 암벽 등반 공간을 조성해 산업의 잔재를 자연 회복의 상징으로 뒤바꿨다. 이

밖에도 재야생화를 위한 식물 조성은 오염물질을 흡수하는 식물을 이용해 대기·토양·수질 내 오염물질을 관리하고, 정기적인 조경 작업을 줄이거나 없앨 수 있어 금전 소모도 줄일 수 있다.

> ❶ 기후 및 생물다양성 전문가인 나탈리 페토렐리 박사는 재야생화 장점에도 불구하고 ❖인간과 야생동물 간의 교류가 잦아지면서 침입종을 통해 기생충, 감염병이 유입 인명과 재산 피해가 발생 ❖자연 친화적인 공공 부지로 인해 인근 거주 구역 및 상업 구역의 임대료가 증가하는 '그린 젠트리피케이션'에 의해 저소득 원주민이 피해를 볼 수 있다고 지적한다. (뉴스펭귄, 「도시 '재야생화'로 모두가 행복해질 수 있을까」, 2022.09.23.)

그런 문제 소지에도 불구하고 재야생화는 확실히 생태계 복원 효과를 발휘한다.

'영양 재야생화(Trophic rewilding)'는 생태계가 훼손된 지역에 포식자 동물을 도입해 먹이 사슬을 복원하는 방법이다. 1995년 미국 옐로스톤 국립공원에 회색 늑대를 도입한 사례가 유명하다. 회색 늑대는 1926년 공원에서 사라졌다. 이후 공원에는 엘크를 비롯한 사슴과 포유류 개체 수가 급증하면서 키 작은 나무와 풀뿌리도 사라졌다. 회색 늑대를 공원에 다시 데려왔더니 엘크가

2만여 마리에서 8,300여 마리로 급감했고 식물들이 자라났다. 개울에 물고기도 돌아왔다. 초식동물들과 이들을 먹이로 삼는 독수리도 다시 왔다. 소수 늑대가 엘크를 잡아먹은 것도 있지만, 그보다는 늑대에 대한 공포로 엘크의 개울 출입이 줄면서 식물이 번성했던 탓이 컸다. 아르헨티나의 이베라 습지는 20세기 초 목장으로 개발되면서 파괴되기 시작했다. 사람들은 가축을 보호하고 모피를 얻기 위해 재규어를 남획했다. 재규어가 사라지면서 팜파스 사슴, 늪 사슴과 대형 설치류인 카피바라, 케이맨 악어, 황색 아나콘다 등이 늘어났다. 이에 아르헨티나 재야생화 재단은 재규어 다섯 마리를 방사함으로써 옐로스톤과 같이 재규어 공포 효과를 불러와 생태계를 살렸다. 이베라 습지 역시 설치류인 카피바라는 재규어를 감시하느라 식물을 먹는 시간이 줄었고 여우도 재규어를 피해 다니면서 평소 먹잇감이던 멸종 위기 조류들도 보존할 수 있게 되었다.

이런 영양 재야생화는 먹이 사슬 연쇄 효과로 전체 생태계가 바뀌는 '영양 종속(trophic cascade)' 효과를 유발하며 생태계를 복원한다. (출처: 대학생 신재생 에너지 기자단, 티스토리)

영구 농법

2020년 봄에 처음 '키친 가든(식당과 정원의 합체)' 이른바 영구(permanent) 농법이라 불리는 새로운 농사 방법을 접했다. 역시 장소는 서울혁신파크. '맛있는 정원 코리아' 김진호 대표는 강원랜드에서 기획일을 하다가 강원도 야산에 3만 평 땅을 헐값에 사면서 농사를 배웠다고 했다. 처음엔 열정만으로 농사를 지었는데 해도 해도 끝도 없고 병충해, 가뭄 때문에 고통을 겪다가 미국 호주 등에서 화제가 된 영구 농법 이야기를 듣고 그 길로 투신했다. 지금은 전국에서 그를 따르는 성인 학생들이 수백 명이다. 나는 혁신파크 내 도시 농업을 하는 입주 단체 그리고 텃밭 농사에 관심이 많은 지역 주민을 '맛있는 정원 코리아'와 연결해 주려고 했다. 돈도 지원했다. 그렇게 해서 300평 정도 부지에 '키친+가든'을 만들었는데 내가 센터장을 그만두고 1년 후쯤에 가 보니 가든은 아무도 돌보지 않아서 황폐해져 있었다. 서울시가 서울혁신파크를 아파트 단지로 개발할 거라면서 그리되었다. 속이 쓰렸지만 그렇다고 영구 농법 가치가 줄어든 것은 아니다.

　영구 농법은 이제까지 농부들이 해 온 것처럼 인위적으로 물을 주고 비료를 주는 방식이 아니라 식물과 땅의 상생 작용을 활용해 별도로 관리하지 않고도 오랫동안 농사를 짓는 방식이다. 키친+가든은 집 근처나 아파트 빈 땅에 채소, 허브, 과실수 등을 심고 관상하며 이들을 즉석에서 따먹을 수도 있어서 붙은 이름이다. 이 가든은 땅을 ❖평면적으로 쓰지 않고 '입체적'으로 '디자인'해서 쓰며 ❖상추, 오이, 토마토 등 단일 종을 다량으로 키우는 대신 서로 성질이 다른 품종을 소품종으로 다양하게 혼재해서 키운다. 어떤 종은 벌레가 싫어하는 성분을 공기에 뿌려 벌레에 약한 다른 종의 성장을 돕고 어떤 종은 태양과 물을 흡수하고 어떤 종은 반대로 태양을 피하며 물을 흘려주는 식이다. ❖썩은 나무는 흙 밑에 집어넣어 거름으로 쓴다. 나는 서울혁신파크 가칭 '지구를 생각하는 정원'에 300평 규모의 키친 가든을 조성했는데 뜻밖에도 전국에서 주부, 교사, 요리사, 청년 등 15명이 와서 1개월간 교육도 받고, 실제로 가든 조성에 참여했다.

한국의 재래농법에 대한 오해

이사벨라 트리가 쓴 『야생 쪽으로』는 사유지에 막대한 비용을 들여 농사짓던 영국인 부부가 겪은 대실패와 깨달음, 그리고 재야생화 도전 사례를 담은 책이다. 부부는 자신들의 대농장을 완전히 뒤엎고 20여 년에 걸쳐 '야생 상태'로 되돌렸다. 환경 다큐를 본 독자라면 알고 있겠지만 땅과 농사에 대한 우리의 지식은 틀린 것이 많다. 매년 봄 땅을 갈아엎어 밭농사를 짓는 방식은 지표면 아래 있는 탄소를 대량으로 방출시킨다. 우리는 그들 전통 농사법을 찬미하도록 세뇌되어 왔다. 한국 온실가스 배출량 중 농업 분야는 2.9%를 차지한다. 현재 한국 농업인구는 200만 명(4%). 세계은행은 전 세계 인위적 메테인 배출량 중 벼농사가 10%(물을 채운 논의 박테리아가 메테인가스를 뿜기 때문)로 세계 온실가스 배출량의 1.5%에 해당한다고 밝혔다. 오, 우리의 소중한 논농사가? 그런데 논농사 폐해에 대한 반론도 있다. 메테인가스와는 다른 측면에서다.

덧 반론— 미국처럼 인위적으로 물을 끌어대는 벼농사법과는 달리 몬순성 기후인 한국에선 자연적으로 물이 넘친다. 장마 때 전국 논에 가둘 수 있는 물의 양은 춘천댐 저수량의 24배(36억 톤)이며, 논에서 지하수로 스며드는 물의 양은 전 국민이 사용하는 수돗물양의 2.76배(소양댐 저수량 8.3배)가 된다. 논에 가두어 놓은 빗물의 45%는 지하로 침투해서 우리가 필요로 하는 정수된 맑고 깨끗한 지하수가 된다. 논의 지하수 함양 기능은 전 국민의 전체 물 사용량 가운데 약 80%에 해당한다. 생활하수가 논에 들어오면 질소는 52~66%, 인산은 27~65%가 제거된다. 논만으로 전체 생활하수의 36%를 정화할 수 있다. 또한 여름철 더위를 식혀주는 기능도 있다. 논에 있는 물이 증발할 때마다 주위의 열을 빼앗는데 이러한 증발 잠열에 의해 우리나라 논에서 하루에 조절되는 열량은 원유 543만 ㎘에 해당한다. 이런 역할을 모두 합치면 그 가치가 연간 13조 원을 넘는다. 논물 관리를 통한 온실가스 배출을 줄이는 저탄소 농법도 가능하다. 벼 논물 관리는 간단 관개(중간물떼기) 기간 연장과 얕게 대기 즉 논에 계속 물을 대는 것이 아니라 수시로 물을 가뒀다가 빼는 과정을 반복하는 농법을 쓰면 메테인을 뿜는 박테리아를 줄여 농약과 화학비료를 사용하는 통상의 관행 농법보다 온실가스를 최대 63%나 저감할 수 있으며, 농업용수 최대 28.8% 절감, 수확량 10% 이상 증가 등 일석삼조 효과를 거둘 수 있다.[2]

온실가스 배출량과 책임 문제는 늘 이렇게 평가 관점이 다르다. 자, 다시 영국 부부 이야기를 하자. 부부는 영국의 질퍽한 농장에서 화학제 뿌리기, 쟁기질을 멈추고 잡초와 사체를 그대로 두는 것이 어떻게 만물을 되살려내는지 그 반대 모습들을 보여준다. 부부는 미국 헬렌·스콧 니어링 부부(『헬렌 니어링의 소박한 밥상』,『조화로운 삶』 등의 저자. 서구 문명을 비판하며 뉴욕을 떠나 버몬트 숲에서 삶)의 영국판이다. 그들이 말하는 교훈 하나는 인위적으로 빽빽한 울폐 삼림이 아니라 야생의 나무, 관목, 가축들 목초지로 이뤄진 유럽의 황무지가 자연과 가장 가까운 경관이라는 것, 둘은 관목은 비생산적인 것이 아니라 자연스러운 자연을 구성하는 필수 요소라는 것이다. 이런 점에서 한국의 520개 골프장(골프장 하나는 보통

---

2   출처: 뉴스버스 https://www.newsverse.kr/news/articleView.html?idxno=3611

축구장 70~80개 면적)도 재야생화 방향으로 개선되기를 기대해 본다. 평지가 많은 스코틀랜드나 영국, 호주 등은 한국처럼 산을 깎고 흙을 불도저로 엎고 인공 수림을 조성하지 않는다. 링크스 코스는 러프나 관목을 그대로 둔다. 한국 기업들이 짓는 호화판 골프장은 재야생화에 역행하며 심지어 골프 정신도 역행한다. 지자체는 재야생화 정도가 최소 30%를 넘는 건설을 허가 기준으로 하고 골퍼들도 가능하면 재야생화 골프장을 애용하면 좋을 듯하다.

파타고니아는 왜 맥주와 포크를 팔까?

의류 회사임에도 파타고니아는 몇 년 전 맥주와 돼지고기 사업에 뛰어들어 세계적인 화제가 되었다. 파타고니아가 맥주를 만드는 곡식은 밀 대신 개량 품종인 컨자(kernza)다. 컨자 밀은 지속 가능한 농업을 연구하는 미국의 '더 랜드 연구소'가 개발한 다년생 작물로 밀보다 영양가가 높고 글루텐이 적으며 밀과는 달리 땅속에서 겨울을 난다. 다년생 작물이라 밀처럼 땅을 갈거나 제초제를 뿌릴 필요가 없고 뿌리가 3m까지 자라서 가뭄에 강하고 토양을 고정해 침식을 막아 준다. 단, 아직 생산성이 기존 밀의 1/4에 불과하다는 문제는 있다. 랜드 연구소의 스탠 콕스 박사는 〈씨즈(Seed:s)〉와 인터뷰 '기후 위기에 맞서는 작은 씨앗들'에서 다음처럼 말한다.

"컨자는 밀보다 낱알도 작고 생산량도 적습니다. 하지만 생태적 이점을 종합적으로 평가해야 합니다. 산출량이라는 단일 요소가 아니라, 작물이 생장하면서 토양의 식생에 미치는 영향, 대기 중 수분 생산량, 바이오매스 생산량까지도 두루 고려한다면, 뿌리가 긴 다년생 작물의 이점은 월등합니다."

아파트 재야생화 설계사

한국은 아파트 국가다. 좁은 땅에 많은 인구 그리고 사계절이 있어 냉난방 등 집 관리의 어려움, 여성들의 불안감과 불편함의 해소 욕망까지 더해진 결과다. 『아파트가 어때서』의 저자 양동신 주장처럼 콘크리트와 철근을 이용한 고층 아파트 건축으로 도시 효율성은 꽤 올라갔다(콘크리트는 내구연한이 50년인데 다 쓰고 나면 98%는 도로포장용으로 재활용). 하늘로 올라가면서 생긴 평지 여유 공간은 녹지로 조성된다. "성냥갑 같다.", "닭장", "수직으로 머리 위에 똥 싸는 집", "공동체가 사라졌다." 등 인문학적인 이유로 아파트를 비난만 할 필요는 없다. 아파트는 이 좁은 땅에서 순기능을 많이 했다. 문제도 많지만, 기회도 있다.

아이들이 줄어 텅 빈 놀이터에 벼와 청보리를 심고 빈 땅에 닭이나 오리, 토끼, 남이섬처럼 공작 등을 방목해서 키우면 어떨까? 아이들은 동물들을 좋아한다. 그런 동물들 이름을 아이들이

지어 주면 관심도 더 커질 것이다. 닭이나 오리는 최소한 3년 이상은 키운다. 한국의 6개월 미만 영계 선호는 생명권, 경제성 측면에서 좋지 않다. 생태계 균형에서 '타고난 중매쟁이' 역할을 하는 꿀벌의 비중은 상상 이상이다. 꿀벌이 없으면 식물 생태계 수정 시스템이 교란되고 동물 생태계도 도미노로 무너진다. 꿀벌을 부르려면 당연히 주변 꽃밭도 재구성해야 한다. 새 아파트 단지에 많이 심는 적송은 꿀벌을 부르지 않는다. 조그만 못을 만들어 개구리, 미꾸라지, 붕어도 키울 수 있다. 어른들 소일거리에도 좋고 아이들 자연학습에도 좋다. 지자체는 이런 일을 전문으로 하는 재야 생화 설계사를 전국에 수천 명 육성할 수도 있다. 조경사의 확장이다. 경력 보유 여성 우대, 앞에 말한 집 활용 설계사가 병행하는 것도 가능하다. 이들은 필드 교육, 유튜브 강의, 실제 프로젝트 등에서 일자리를 추가로 만들 수 있다. 이런 게 ESG 일자리에 기후 소득 창출 기회 아닐까.

2부
생활과 소비의 전환

5. 소비 전환 – 로컬 소비 촉진

6. 의식(ritual) 전환 - 저탄소 라이프스타일

7. 비건(Vegan) - 食 선택지 확대

8. 리사이클링과 플라스틱 감축

5. 소비 전환 - 로컬 소비 촉진

어느 날, KBS 밤 프로그램 '세계는 지금'과 '환경스페셜'을 보았다. 두 프로그램은 과테말라와 인도의 쓰레기장에서 수만 마리 소, 개, 새들이 비닐, 플라스틱, 부패한 음식 등을 먹고 오염되거나 고통스럽게 죽어가는 내용을 전했다. 의사가 고통스러워하는 인도 소를 해부하니 위에서 꺼낼 수 없을 정도의 많은 비닐과 폐플라스틱이 나왔다. 의사는 인도에서는 흔한 일이라고 말했다.[1] 아내는 너무 참혹하다며 고개를 돌렸다.

과테말라는 중미에 온두라스 등과 함께 위치하고 냉전 체제에서 반공을 모토로 하는 미국의 은밀한(!) 개입으로 정치와 행정 그리고 기업 생태계가 무너져 지금도 고통받고 있는 나라다. 소득 기준으로 최빈국에 속한다. 마야 문명이 번성했고 나라 이름도 '나무의 땅'을 의미하는 마야어 K'iche'(키체)에서 온 신성한 나라인데 참 안타깝다. 이 비극에 미국 CIA가 개입했다는 다큐멘터리

---

1   인도는 세계 플라스틱 쓰레기 배출량 1위로 18%(연간 930만 톤)를 차지해 나이지리아 (350만 톤), 인도네시아(340만 톤)보다 많다. 뉴델리 등 도시에서 플라스틱 쓰레기의 57%는 무단 소각되며, '디왈리(Diwali. 홀리, 두세라와 함께 힌두교 3대 축제. 인도 최대의 5일간 종교 행사로 집과 마을 곳곳에 향, 등불을 밝혀 신을 영접)' 축제 기간에는 미세먼지 농도가 WHO 기준치의 50배 이상 초과하는 사례가 있었다고 한다. 우기에는 큰 강을 따라 해변으로 쓰레기가 쓸려 간다. 2019년 공해 질병과 조기 사망으로 인한 경제적 피해 추정 규모는 370억 달러로 인도 GDP의 약 1.36%에 달한다.

도 있다. 현재 과테말라는 '쓰레기 산(쓰레기 광산, 쓰레기 캐니언)'
이 악명 높다. 4,000여 명의 빈곤층이 매일 쓰레기를 뒤지며 수입
을 올리는데 수도 중심부에 쓰레기 산이 방치되고 있고 바다에 전
세계 쓰레기의 2%를 방출한다. 주변국도 골머리를 앓는다.

인도의 소, 쓰레기로 죽고 쓰레기로 사는 생명들!

한국 지자체도 쓰레기 처리에 골머리를 앓고 있다. 우리가 힘
들게 분리 수거해 버리는 쓰레기는 사실상 30%도 재활용되지 않
고 어딘가 버려지거나 소각된다. 그것이 또 지구를 끓게 만든다.
이처럼 쓰레기는 삶과 죽음 그리고 인간이란 무엇인가를 묻게 만
드는 현대의 문제가 되고 있다. 쓰레기는 어디서 오는가, 그리고
어디로 가는가?

소비와 쓰레기의 고리

소비는 선택이다. 전환할 수 있다. 한국인의 현대적 소비는
세 버전으로 진행되었다. 버전 1.0은 '필요해서 사는 소비'다. 한
국으로 보면 해방 후 1980년대까지 모든 것이 절대 결핍이었던 시
대의 소비다. 쌀, 설탕, 밀가루, 분유 등 생필품부터 옷, TV, 라디
오, 밥솥 그리고 자동차 등을 구매하던 시기 소비였다. 이들은 살
기 위해서 최소한으로 필요한 소비다. 공급자도 별로 없어서 삼
성, 금성, 현대 등 특정 회사가 거의 독점으로 성장했다. 1989년에

해외여행 자유화가 시작되었다. 1990년으로 넘어가면서 나라가
본격 성장하고, 소득이 늘면서 도시가 팽창되고 중산층이 급속도
로 늘었다. 자원과 에너지 소비가 매우 빠르게 늘어났다. 삶의 목
표가 행복이 되었고 그 행복은 소비에서 찾았다. 이 소비를 채우
려 공급자가 늘어나면서 경쟁도 치열해졌다. 나는 이때부터 제일
기획에서 12년간 광고 기획 일을 했다. 당시 제일기획은 일 년에
60명 이상씩을 채용하고 그들 대부분은 소위 일류대 졸업자였다.
예전엔 '간판장이'라고 불렸던 산업이 갑자기 최고 인기 산업이 되
었다. 당시 우리가 입에 달고 다니던 단어가 콘셉트, 아이디어, 인
식의 법칙, 차별화, 선점, 필드의 법칙, 포지셔닝(Positioning) 등
이었다. 버전 1.0 시대에는 필요 없던 단어였다. 이때부터 현재까
지가 버전 2.0 소비 시대다. 필요해서 사는 소비에 더해 남을 의
식해서 사는 과시 소비나 사치 소비, 모방 소비 혹은 신기술을 쫓
아 소비하는 추격 소비의 경향을 보인다. 커피(숍), 고급 차, 해외
여행, 고급 아파트, 패션, 수입 건강식품, 수입 유아용품 그리고
2007년 이후엔 스마트폰, 게임 등이 광고 제품으로 인기였다. 버
전 1.0 소비 시대에는 그냥 "죽이는 신제품이 나왔어요."라며, 용
도와 성능만 알려도 팔리는 시대였다. 버전 2.0 시대 광고는 이미
지 광고로 바뀐다. 없어도 될 물건들이지만 그 이미지에 현혹되어
충동구매를 일으키게 만든다. 여기에 셀럽, 인플루언서(influenc-

er의 어근은 'flu'이고 이는 '전염병 인자'란 뜻. 인플루엔자가 그 파생어)가 동원되었다. 팬덤(덕후) 마케팅, 데이 마케팅도 생겨났다. 이른바 바람잡이 혹은 비싼 삐끼들. 그 덕에 과잉 구매와 불필요한 소비가 일어난다. '비만'과 '쓰레기', 각종 질병이 늘어났다.

기후 온난화 원인 중에 기업 에너지 분야가 가장 높다. 그 에너지는 80억 인구의 소비를 위해 쓰이는 것이다. 특히 선진국 그중 중산층, 결국 우리 중산층의 과도한 소비가 지구온난화 주범인 것이다.

2024년 기준 글로벌 광고 시장의 규모는 1,600조 원, 한국 정부 총예산의 2.5배다. 통계에 잡히지 않은 광고비는 훨씬 더 많다. 한국 기업들이 2024년 인스타그램과 페이스북 두 곳에 쏟아부은 광고비만 2조 5,436억 원이다. 가장 많이 투입된 분야는 쇼핑과 일상 소비재였고, 쿠팡이 147억 건으로 가장 많았다. 여기에 중국 쇼핑몰 알리와 테무가 유명 연예인을 앞세워 지름신을 부르는 중이다.

광고는 불필요한 욕망까지 자극하고 욕망은 과도한 구매로 이어진다. 속칭 관종, 맥시멀리스트(Maximalist)가 특히 이런 유혹에 잘 넘어간다. 맥시멀리스트는 극대화, 다양한 물건과 경험을 통해 삶을 풍요롭게 만드는 것을 목표로 한다. 미니멀리즘과 대비되는 개념이다. "Less is more", "Small is Beautiful"이던 건강한

흐름도 있었는데 현재는 이상하게 상황이 역전되어 빅백/빅맥/빅
카트/벤티/슈퍼/울트라 등 '빅(big)' 상품들이 인기다. 이것은 주
체의 취향, 합리적 소비, 가심비라고 하지만 사실은 자본이 광고
로 만든 욕망의 부역자 쪽에 더 가깝다. 이런 맥시멀 구매는 물론
탄소 배출을 자극한다. 더불어 쓰레기는 집마다 쌓여 간다.

　광고와 마케팅 덕분에 여러분은 스마트폰을 3년 이내에 바꿨
을 것이다. 자꾸 신기술을 얹은 신제품이 나와 "이제 새 걸로 바
꿔."라고 유혹한다. 공무원도 이때는 소비자다. 그들도 넘어갔을
것이다. 소비는 물론 경제를 활성화하지만 잠깐, 여기 잔인한 세
계의 진실도 있다. 먼저 물어보자. 당신은 인본주의자인가?

　그렇다면 다음 팩트 체크를 잘 읽어 주기 바란다. 스마트폰에
필수 동력인 리튬전지의 주재료는 코발트다. 코발트는 아프리카
중서부 지역에 있고 알제리에 이어 아프리카에서 두 번째로 큰 나
라인 콩고가 전 세계 수요 70%를 생산한다. 최빈국 중 하나인 콩
고는 두 나라로 분리되어 있는데 하나는 브라자빌이 수도인 '콩고
공화국'이고 다른 하나는 킨샤사가 수도인 '콩고민주공화국'이다.
콩고는 콩고강 유역의 바콩고(Bakongo) 부족 이름에서 유래했다.
1885년부터 프랑스의 식민지가 되어 80년을 식민지로 지내며 약
탈당했다. 콩고 광산에서 합법적으로 채취되는 코발트는 50%이
고, 나머지는 4만 명의 청소년들이 광산에서 하루 1달러를 받는

불법 조건에서 채취한다. 공무원 단속을 피해 그들이 사는 집의 지하를 십수 m씩 파고 들어가는 경우가 부지기수다. 인터뷰에서 그들은 "이러다가 땅이 무너지면 죽겠죠. 그래도 할 수 있는 게 이것밖에 없어요."라고 토로한다. 노동 대가 1달러를 제외한 나머지 이익은 천문학적인 시가총액을 자랑하는 글로벌 대기업과 선진국 주주가 가져간다. 코발트는 치명적 발암물질이다. 콩고의 수많은 어린이와 주민들이 중독되고 기형아가 태어나며 코발트 함유 물질은 콩고강을 따라 바다로 흘러간다.

TV, 냉장고, 컴퓨터, 스타일러 같은 매력덩어리 가전은 어떤가? 아름다운 모델들이 광고하는 그 탐나는 신상들! 신상도 다량의 에너지를 쓰며 결국은 쓰레기가 된다. 신상 쓰레기 라인을 따라가면 그 끝은 쓰레기산으로 이어지고 쓰레기를 줍는 1,800만 명의 어린이와도 마주하게 된다. 반면, 이익은 저 멀리 떨어진 나라 기업들과 주주들이 가져간다. 이런 고리를 들춰 가다 보면 그 끝자락은 늘 선진국 중산층의 소비에 닿아 있다.

物神이 된 소비

'소비(consumption)'는 근세까지는 경멸적 뜻을 담은 단어였다. 그러다가 산업화 이후 1920년대부터 미국인들에게 추앙받고 이제는 사회주의 국가에서조차 존재 이유가 되었다. 심지어는 우상이나 물신(物神)처럼 되어 버렸다. 한자에서 소비의 소(消)는 '물(水)이 작아지며(肖) 증발한다.'는 뜻이다. 비(費)는 아닐 불(弗) 과 화폐였던 조개 패(貝)로 만들어진 글자인데 불은 '아니다', '근심'의 뜻이다. 조개가 줄어드니 근심인 것이다. 합치면, 소비는 물이 증발하고 조개가 줄어드니 근심이라는 뜻이다. 그렇다면 소비는 근심과 관계된 말이다. 과거의 소비는 인간답게 살려니 필요한 최소 행위였다. 세탁기는 여성을 해방했고, 기차는 말의 노동을 줄였고, 플라스틱은 벌목과 고래 학살을 줄였다. 지금은 그런데 소처럼 커져 비처럼 근심을 적시는 '소+비'가 되었다. 과거엔 10년 정도 쓰던 전자제품을 이제는 신상 유혹에 넘어가 3년이면 쉽게 버린다. BTS나 블랙핑크 같은 아이돌 광고로 끊임없이 현혹하며, 일정 연한이 지나면 소모되어 수리가 어렵게 설정되어 있기 때문이다.

전자제품 재활용률은 현재 15~20%다. 나머지는 컨테이너에 실려 콩고, 나이지리아 등으로 모인다. 거기서 50%는 재사용 불가로 폐기되고 나머지는 극빈층 어린이들에게 가서 처리된다. 아이들은 전자제품 쓰레기에 불을 질러서 구리 등 잔여 금속을 채취한다. 그렇게 해서 쥐는 돈은 하루 1달러. 이 뒤에는 기업의 전략적 무책임 즉 신제품 남발, 계획화된 진부화와 수리 거부가 있고 지갑을 여는 소비자의 암묵적 조종이 있다. 공정무역은 전체 물량의 2% 미만이다.

이것은 단순히 소비 문제가 아니라서 여기에 공공이 드디어 개입했다. 뉴욕주는 지난 2023년 12월 28일을 기해 디지털 전자기기 품목의 수리할 권리를 보장하는 '디지털 공정 수리권 보장법(Digital Fair Right Repair Act)'을 시행했고, EU 의회는 2024년 '수리받을 권리(Right to repair)'를 채택해 '계획적 진부화' 처벌 등으로 이를 방지하려고 추진 중이다. 한국도 이런 무분별한 소비에 관하여 공공이 할 일은 많다.

커피와 문제의 우리 집

요즘 남녀노소 소비가 급증하는 아이템이 커피다. 스타벅스 이전만 해도 커피는 중독성이 큰 이유로 기피 음료였다. 그게 세련된 기호와 각성 음료로 기능이 재정의되고, 텀블러는 수집품으로 인기를 얻고 있다, 초고가 커피숍도 인기다. 도심에서는 커피 한 잔이 점심값 수준이다. '카페 투어 족', '스세권' 등 신조어도 나왔다. 이 커피에 숨은 진실이 있다.

커피는 원래 아프리카 에티오피아 지역이 원산지인 콩과 식물로 아랍과 중동의 수사들이 오랫동안 각성용으로 마셨던 음료다. 1637년 터키 유학생이 영국에 전한 뒤 1650년 영국 옥스퍼드대에 커피하우스 '야콥스(레바논계 유대인 야곱 창업)'로 처음 문을 열었고 1652년엔 아르메니아 출신 청년 파스카 로제가 부유한 무역상 에드워드의 후원을 받아 런던에 최초 '커피 하우스'를 열었다. 커피는 각성 효과 때문에 산업화 시기에 특히 인기를 얻었다. 아편전쟁으로 영국에 열받았었고, 전통적으로 차의 나라였던 중국의 상해나 베이징에서도 최근 젊은이들과 외국인이 많은 번화가는 커피숍 러시다. 한국에는 조선 시대 말에 들어와 가피차, 가배(咖啡) 등으로 불렸다.

2023년 기준 한국의 생두/원두 수입액은 11억 1,000만 달러고 양은 19만 3,000톤으로 성인 한 명이 하루 약 1.3 잔을 소비할 수 있다. 2025년 기준 커피숍 개수는 전국으로 10만 개가 넘는다. 중국 식당의 4배 정도다. 물론 이 숫자에 캔/병 커피를 파는 전국 편의점 5만 5,580개와 커피를 상비하는 수백만 사무실, 2,000만 가구에서 쓰는 커피 드립기, 믹스 커피는 세지 않았다. 우리는 기후 위기 관련해서 커피를 다시 볼 필요가 있다. 한국에서 커피는 전량 해외 수입이니 탄소 마일리지가 매우 큰 '비(非)-로컬 해외 농산품'이다. 일회용기, 플라스틱(판촉용 텀블러 포함), 포트 전기량 문제도 있다. 이게 다가 아니다. 커피박 문제도 크다. 천연 비누를 만드는 폴라리스숍 홍은영 대표가 〈더 칼럼니스트〉에 기고한 커피박 실상은 이렇다.

"아메리카노 커피 한 잔을 만들 때 약 16~17g의 커피박이 나와요. 한 잔 커피에 사용되는 커피 원두의 99.8%가 모두 커피박이 되는 셈이죠. 이것들은 대부분 매립되거나 소각이 되어야 하는 짧은 불꽃 인생을 타고난 운명이죠. (중략) 한국인 성인 1명이 1년간 소비하는 커피양은 전 세계 평균보다 3배나 많으며, 한국의 커피 시장 규모는 이미 2019년 미국과 중국에 이어 세계 3위입니다. 커피박은 땅에 묻을 때 땅속에서 '메테인'을 뿜어내 이산화탄소의 34배에 달하는 온실효과를 일으키는 원인이 되며 커피박 1톤을 소각하는 과정에서 배출되는 이산화탄소는 자동차 1만 대가 뿜어내는 매연과 같은 수준으로 무려 334kg의 탄소가 남습니다. 커피박은 질소 함량이 높아서 과다하게 사용하면 토양을 산성화시키고 잔존 카페인을 동물이 섭취하면 좋지 않기 때문에 재활용이 쉽지 않아서 생활 폐기물로 분류되어 있습니다."

그래서 그녀는 커피박을 이용해서 그릇을 만들어 재활용하는 교육을 한다. 그러나 그런 활용은 전국으로 보면 미미하며 공공기관에서 심리 치유 교육은 많아도 이런 커피박 재활용 교육 내용은 별로 없다.

퀴즈 커피 280㎖ 추출할 때 나오는 온실가스 양이 다음 커피 중 어느 것이 제일 적을까?

① 필터 커피(드립 커피) ② 캡슐 커피 ③ 끓인 커피(프렌치프레스) ④ 믹스 커피

🅐 캐나다 퀘벡대의 연구진이 발표한 내용으로는 필터 커피(드립 커피) 172g〉 캡슐 커피 127g〉 끓인 커피(프렌치프레스) 125g〉 믹스 커피 109g 순이다. 단, 커피박은 다 나온다.

메테인 양산 재료 커피의 진상을 봤는데 그럼 다른 소비재는 어떨까?

일단 우리 집을 뒤져 본다. 나는 결혼 생활 30년 차로, 과천에 5층짜리 30평대 아파트에 산다. 옛날식 아파트라 거실, 화장실, 주방은 작고 대신 방이 네 개에 작은 창고가 하나다. 구석구석 뒤적거리면 뭔가 참 많다. 유발 하라리는 선진국 중산층 한 집이 이사할 때 차에 싣는 짐이 과거 유목민 한 부족이 싣는 양과 맞먹는다고 지적한 바 있는데 우리 집도 마찬가지다. 창고 문화의 나라로 알려진 미국인 평균 가정은 오늘날 창고 하나로도 모자라 3개가 필요하며 이것도 모자라 창고대여업이 급성장 중이란다. 우리는 그 많은 물건을 사느라고 소처럼 돈을 벌고 쇼핑 중독, '보복 소비'를 한다. 질러, 질러! 그리고 근심에 빠진다.

'세계반소각로연맹(GAIA. 제로 웨이스트 중심 활동 민간 기구.

공교롭게도 이니셜이 그리스신화에 나오는 태초 대지의 여신 '가이
아')'과 '그린피스'에서 20년간 물건과 소비, 환경의 영향을 조사한
애니 레너드가 쓴『물건 이야기』는 소비의 글로벌 과정을,

*추출(예. 종이 1톤을 만드는 데 98톤의 각종 자원이 들어가고),

*생산(예. 티셔츠 한 장에 필요한 면화를 얻는 데 물 970리터가 들어가고),

* 유통(예. 거대 화물선이 지구 반대편으로 턱없이 싸게 값이 매겨진 물건

　들을 운송하면서 내놓은 독성 폐기물은 바다를 오염시키고),

*소비(예. 11조 달러 경제 규모에서 3분의 2가 소비재에 쓰이고),

*폐기(예. 이 대부분 물건이 매립장으로 들어가고)

의 다섯 단계로 나누어 추적한다. 결과는 놀라웠다. 소비가
지구 환경과 인간, 도시와 집을 심각하게 재앙신으로 파괴하고 있
던 것이다. 신과 함께가 아니라 소비와 함께!

충분한 삶, 할량(割量) 소비

이제 버전 3.0 소비가 일어나야 할 때다. 버전 1, 버전 2 소비
를 자제하고 대신 기후를 생각해서 소비 방향을 주체성, 성찰 소
비, 미니멀, 중고, 재활용, 비건, 공유, 못생긴 과일 등으로 옮긴다.
이걸 버전 3.0-기후 시대 소비라고 불러 보자.

TV 프로그램에 이젠 고인이 된 개그맨 전유성 씨가 나왔는데 모자가 거의 누더기였고 옷도 헤진 것이었다. 남원 인월면에 있는 그의 집에 가 보면 실제로도 아주 소탈했고, 책 읽기와 차 마시기가 일상이었다. 오스카 시상식 때 한 유명 여배우는 그전 시상식 때 입었던 드레스를 그대로 입고 나왔다. 기업 협찬을 거부한 듯. 인기를 먹고사는 연예인에게 좀처럼 없는 일이다. 키아누 리브스는 젊었을 때부터 지금까지 입는 옷 스타일도 비슷하고 매번 똑같은 옷과 신발을 돌려 신고 어떤 신발은 테이프까지 붙여 가면서 25년간 신었다고 한다.

우리는 식탁에 아직 앉지 못한 사람들에게 자리를 내주어야 한다. (중략) 그게 실제로 어떤 모습일지에 대해 나는 앨런 더닝이 보여준 시적인 비전을 좋아한다. "문화적으로 말해서, 과잉보다 (이거면) **충분함에 의해 살아가는 삶은 인간의 터전으로 우리를 되돌려준다.** 가족, 공동체, 좋은 일, 좋은 삶의 옛 질서로, 숙련과 창조성과 창조에 대한 존경으로, 일몰을 볼 수 있고 물가에서 물장구를 칠 수 있을 정도로 느리게 흘러가는 일상으로, 그 안에서 시간을 보낼 가치가 있는 공동체로, 그리고 수 세대의 추억을 간직한 나의 마을로." - 『물건 이야기』 '소비' 장 중에서

인간에게는 가격이 중요할지 몰라도 지구는 양이 중요하다.

롯데마트의 치킨 통큰 세일이나 1+1처럼 가격 할인(割引)이 아니라 양을 줄여서 파는 '할량(割量)' 소비가 더 늘어야 한다. 2023년 2월, YTN이 '작은 소비' 현상을 방송했다. 서울 용산구 한 분식점은 0.5인분 떡볶이를 판다. 관악구의 제로 웨이스트 상점은 샴푸, 세제, 비누 등 잡화부터 파스타와 후추 같은 식료품을 필요한 만큼만 살 수 있고 일회용품을 쓰지 않는다. 일반 소비자들은 ❖작게 사고, ❖줄여 쓰고, ❖재활용하고 이를 ❖널리 공유하는 네 가지 행동 즉 '기후 소확행(小.確.行)' 행위만으로도 '기후 소득' 실리와 '기후 시민' 명분을 지킬 수 있다. 삶의 질도 올라간다. 나는 아래 같은 제안도 하고 싶다. 지금까지는 지역 문화고 아름다운 문화였다. 그러나 패러다임이 바뀌었다. 중앙부처 공무원과 지자체에서는 아래 관행을 어떻게 전환하면 좋을지 고민하길 바란다.

＊문화회관, 문화재단, 체육관, 박물관은 정부 주도로 자꾸 짓는데 왜 메이커 스페이스, 업사이클링 센터, 공유 책방 등은 민간인이 주도해야 하나?

＊전주식, 이천 쌀밥 집은 한 상 가득 반찬을 내온다. 일본 식탁이 야박하다지만, 지구를 생각하면 막 깔아주는 전주 스타일 이를 어쩔꼬. 네, 전주 공무원님들?

＊싼값에 많이 주는 착한 식당은 지자체가 선정, 지원하는데 기후 식당

은 왜 선정, 지원하지 않을까?

로컬 푸드 관련해서 현재 일부에서 시행 중인 방법으로는,

*푸드 마일리지 줄이기_ 로컬 푸드 공공조달 의무화(30% 이상)
*로컬 제품 우선 구매_ 지역화폐 발행 및 인센티브
*지역 경제 선순환_ 로컬 브랜드 육성 지원

그리고,

*AI 알고리즘에 기후, ESG 팁을 넣자. 질문에 대한 답 + ESG 팁이 나오
  는 방식이다.
*국회, 지자체가 관리 가능한 방송과 언론은 ESG 리얼리티 쇼/토크 프
  로그램을 더 만들자.
*회의, 컨벤션은 가능하면 화상으로 돌려 시간+유류비+교통 혼잡 줄이
  는 기후 행정 길을 찾자.
*요즘 관광 폐해로 일부 해외 지역에서 관광객에게 입국세를 물리는데,
  이를 응용해 쓰레기 양산 제품과 재활용이 어렵게 만드는 기업 혹은
  식당이나 리조트 등에는 기후세를 물리면?

6. 의식(ritual) 전환 - 저탄소 라이프스타일

한국인은 다른 나라 국민보다 잠을 덜 자고 더 많이 움직인다. 체면을 중시하고 어울려 놀기도 좋아하여 이런저런 리추얼(ritual)도 많다. 이동과 리추얼에는 경험, 추억도 생기지만 비용, 스트레스도 발생한다. 게다가 시간을 소비한다. '시간은 돈'이라면서 참 많이 허비한다. 서울에서 차로 10km를 움직이는데 한 시간은 기본이다. 차 연비도 나빠진다. 당연히 탄소 마일리지가 누적된다. 사람들은 그 시간을 비용으로 보지 않는 것 같다. 내 추정으로 한국인은 인생의 30%를 도로에서 보내는 듯하다. 대도시 사람들은 더 높다. 대규모 이동에는 대규모 탄소가 배출된다.

한국인의 연간 이동을 리추얼별로 계산해 보자. 출퇴근은 현재는 리추얼이 아니라 고통이지만 향후 잘 전환하면 '걷기 리추얼'로 쓸 수도 있는 시간이다.

1. 출퇴근: 연 2,700만 명이 직장에 다닌다. 이들이 연중 250일 직장에 나가고 출퇴근 합쳐서 이동 거리가 평균 20km라고 치자. 그럼 연 1,350억 km를 이동한다. 이 중 30%의 사람이 차로 이동한다고 치고 이를 기름값 비용으로 환산해 보자. 차에 기름을 한 번 넣어서 500km를 간다고 하면 국민 전체는 연 8,000만 번 정도 기름을 넣어야 한다. 한 번 기름을 넣는 데 휘발유와 경

유 평균값인 8만 원을 곱한다. 그럼 6조 5,000억 원이 나온다. 여기 대중교통 연료비, 교통 혼잡 비용, 탄소 배출은 빠져 있다.

2. **명절**: 설날과 추석 양대 명절에 각 3,000만 명이 이동한다. 이 중 한 가족당 3인이 이동하고 그중 25%가 자가용을 이용한다고 치면 500만 대가 움직인다. 이들이 왕복 300km를 이동한다고 치자. 그럼, 차량 주행 거리는 15억 km다. 여기에 탄소 190g(중형 승용차가 1km 달리는 데 배출하는 탄소량 평균. 한국은 150~190g 정도 배출)을 곱하면 탄소량이 나온다. 기름값은 2,400억 원. 여기도 대중교통은 빠져있다. (2022년 기준, 추석 때 실제 이동 인구 3,017만 명, 자가용 이용자 90.6%, 하루 평균 542만 대 이동, 추정 교통 비용 22만 원/차)

3. **종교 모임**: 한국인 20%가 개신교이고 11%가 천주교다. 불교 신도와는 달리 주말에 집중해 이동한다. 31%면 1,500만 명, 연 52회 교회에 간다고 치면 연 7억 8,000만 회다. 평균 이동 거리를 5km라고 한다면 39억 km를 이동한다. 이 중 30%의 신자가 차를 이용한다면 13억 km를 이동한다. 기름값은 2,080억 원이다.

4. **결혼식**: 일 년에 평균 20만 쌍(합 40만 명)이 결혼한다. 양가의

평균 하객 수는 300명이다. 이들이 20km를 이동한다고 계산하면 총거리는 12억 km다. 20%가 차를 이용한다고 치면 이들이 내는 기름값만 연 384억 원. 주로 봄/가을 주말에 몰리므로 교통 체증으로 발생하는 시간 등의 기회 비용은 따지지 않았다.

5. **장례식**: 2024년 기준 연 사망자는 35만 명이다. 한 장례식장당 문상객을 300명으로 치자. 장례식 때 이동 거리는 좀 길게 잡아 왕복 평균 50km로 보자. 30%가 차를 이용한다면, 총이동 거리는 15억 7,500km, 기름값은 총 2,520억 원이다.

한국인의 이런 5대 이동의 연간 비용을 합치면 얼추 추산해도 8조 8,000억 원. 여기 대중교통, 쓰레기 비용, 스트레스, 교통사고, 낭비된 시간 비용 등은 빠져 있다. 이들을 다 합치면 직간접으로 연 50조 원은 너끈할 것이다. 이때 배출하는 탄소량은 국립산림과학원이 제공하는 '**탄소나무계산기**' 사이트[2]를 이용하면 알 수 있다. 일례로 차종-중형, 유종-휘발유를 선택하고 운행거리-20km를 입력하면 탄소 배출량이 3kg으로 나온다. km당 150g

---

2   https://carbonregistry.forest.go.kr/fcr_web/resources/carbon_calc/html/main.html

이다. 만일 위의 4번 결혼식에 적용하면 연간 배출 탄소량은 약 21만 600톤(km당 190g 적용)이다.

이들 외에 연초에 집중되는 졸업과 입학, 봄과 가을에 벌어지는 수천 개 축제 이벤트, 백화점 세일, 전국 명산 등산과 단풍놀이, 골프(2023년 기준 624만 명, 1인당 연간 7회 라운드 - 연간 누적 4,371만 명. 전국 골프장 수 525개, 1인당 평균 왕복 이동 거리 100여 km, 100%에 가까운 '나 홀로 차량(중형차)', 2023년 골프 활동 참가자 중 65.8%가 해외 골프 경험), 연중 24시간 배달 라이더(2023년 배달 앱 3사의 1개월 이용자는 2,920만 명) 등이 대규모 인구 이동을 부르는데 이들을 다 합치면 이동 거리 수는 앞에 말한 '1번-출퇴근' 항목을 훨씬 넘을 것이다. 덕분에 연 100조 원 이상 매출을 올리는 정유사야 (한국 3대 정유사 중 SK는 수출 포함 연 매출 77조 원, HD현대는 60조 원, S-오일은 36조 원) 좋겠지만, 기후가 이 모양인데 위의 것들이 미풍양속이고 한국인의 역동성 유전자이므로 그냥 이대로 가야 할까?

풍속인데 전환할 수 있을까?

1번 출퇴근은 성격이 다르니 다른 장(15분 도시, 오피스, 워케이션, 재택근무 등)에서 다루고 2번 명절은 아직은 차마 대안을 말하기 민망하다. 이미 여러 사람이 지혜로운 대안을 찾고 있으니 이 장에서는 3, 4, 5번만 살펴보자.

이들은 리추얼(ritual) 비용이다. 본능이나 원칙이 아니라 관행이라는 말이다. 과거 유교 시대에는 열녀상을 만들었고 부모상은 움막을 짓고 3년을 치렀다. 지금 그러는 여자, 그러는 자식은 없다. 근세 유럽 상류 사회의 화려한 바로크풍 문화, 풍만한 여성 찬미, 북미 인디언 사회에서 과시 의식이었던 포틀래치(potlatch)도 지금은 과거의 관행으로 여겨질 뿐이다. 리추얼은 시대 요구, 주최자와 리더 그룹의 해석이 바뀌면 전환할 여지가 많다.

한국인의 결혼 건수는 해마다 줄고 있는데 비용은 증가 추세다. 한국인은 결혼식에 신랑·신부 측 각 1,174만 원(결혼 전체는 평균 2억 원)을 쓴다. 결혼식 비용은 대부분 도시에 집중한 예식장 사용료와 스튜디오, 드레스값, 식대와 답례품 등이다. 이걸 한해 약 20만 쌍의 신혼부부 각자 지출하는 결혼식 총비용으로 환산하면 4조 6,960억 원이다. 이 비용은 대개 축의금으로 채워진다. 결혼식 식사는 대체로 뷔페이며, 결혼식당 뷔페는 주말 하객들의 과식을 초래하며 상당 부분은 쓰레기로 버려진다. 게다가 태평양 크랩과 다랑어, 노르웨이 연어, 호주나 미국산 소고기, 동남아시아 열대 과일, 아라비카 커피 등 외국 식자재가 많아 탄소 마일리지도 만만치 않다. 20만 쌍 결혼식이 끝나고 벌어지는 2차 피로연 비용과 쓰레기, 해외 가는 비용, 탄소량도 그날 기쁨의 크기만큼

클 것이다. 결혼식은 게다가 봄과 가을에 집중되며 황금 주말에 한다. 이렇게 몰리면 탄소 사용량도 더 늘어난다. 의문이다. 예약이 어렵고 비용은 두 세배 올라가는 '봄·가을 주말'을 고집할 이유가 무엇인지? 청년들이 다른 건 기성세대에 반대하면서도 왜 그런 건 수용하는지? 혼주들은 10년 전 직장 사람, 먼 친척, 10년 동안 연락하지 않았던 동창, 협력사 등등 사람들을 대책 없이 초대한다. 2,700만 직장인들이 좋은 계절 황금 주말에 가족과 행복한 시간을 보내고 싶을 텐데, 너무 피곤하다. 당사자들은 인생에 한 번뿐인 날이라지만 여기 끌려다니는 한국 직장인들의 피곤한 삶을 생각하면 확실히 비욘드 대상이다. 만일 이 주장에 동의한다면, 두 가지만 바꾸면 안 될까?

하나는 시간과 장소다. 결혼식은 주중, 장소는 교외 카페나 펜션 등으로 바꿔 보는 것이다. 둘은, 신랑 신부 각 40명 안팎 하객만 초대하기다. 화상 시대다. 라이브로 촬영해서 지인들에게 송출하면 볼 사람은 다 본다. 그럼 세 가지 비용(탄소/음식 쓰레기/예식장 비용)은 줄고, 두 가지(하객들이 주말 가족과 함께하는 시간/비용 감소로 기후 소득)가 늘어난다. '남들이 어떻게 볼까?' 생각하지 말자.

장례식 문상도 결혼식과 폐단은 비슷하다. 장례도 화장장, 수목장으로 변해가니 문상 문화도 전환이 필요하다. 명절에 대한 집단 착각처럼 장례 의미와 형식도 착각하는 바가 많다. 이제는 과거처럼 인구도 얼마 안 되고 가까운 데 사는 씨족 공동체가 모여서 상여 나르며 슬퍼하던 시대는 아니다. 이전에는 장례식이 집안의 세 과시, 집단 내 작당용으로 쓰였던 폐단도 있다. 먼 장례식 다녀오느라 피곤한 직장인, 그 피곤함으로 인해 뜻밖의 사고를 겪는 일도 만만치 않다. 내가 1995년 홍천 국도에서 당했던 큰 교통사고도 한 초보 운전자가 그 근처 장례식장에 과속으로 달려가느라 벌어진 거였다. 지금 50대 주부들은 과거 신혼 시절 남편이 장례식장 다녀왔다고 술 냄새 풍기며 새벽에 들어오던 일들을 기억할 거다. 한 달에 두세 번은 합법적(?)으로 술 마시고 고스톱, 포커를 치고 들어왔다가는 눈 조금 붙이고 비틀비틀 출근. 그렇게 몸 망가트리다가 50대 돌연사. 초고령화에 따라 결혼식은 줄고 장례식은 더 늘어날 것이다. 꼭 장례식장에 모여야 고인을 추모하고 유족을 위로하는 것일까?

내가 쓴 책 『해석의 마법』에는 기독교에 대한 이런 해석이 인용된다.

"교회는 그리스로 이동해 철학이 되었고 로마로 옮겨가서는 제도가 되었다. 다음에 유럽으로 가서 문화가 되었다. 미국으로 왔을 때 교회는 기업이 되었다."

1984년 리처드 핼버슨 목사가 미국 장로교 총회에서 한 말이라고 한다. 나는 거기에 덧붙여 "한국에 와서는 교회는 대기업이 되었다."라고 썼다. 목적은 선한 단체이지만 실행에서는 구태와 폐단도 꽤 많다. 신의 보금자리인 지구를 생각한다면 1,000만 명이 이상이 특정 시간에 몰리는 교회나 성당 종교의식도 전환해야 한다. 여의도, 서초동 초대형 교회에 수천 명 이상이 몰리는 것은 기네스북감이다. 그들 종교 행사에 정치인, 사업가들이 많은 이유는 신앙 때문만이 아님을 알 수 있다. 과천도 일요일이면 지역에서 몰려드는 차로 근처 도로가 몸살을 앓는다. 이사 간 이들이 연어처럼 원래 다니던 교회로 오느라 그렇다. 불교는 대체로 산에 있어 차량 이동 거리가 더 길다. 화상 사회고 로컬 푸드 운동도 하는데 집이나 로컬 기도, 화상 미사는 어떤가? 애초 선지자들은 다 중생이 있는 곳에 가서 설법하지 않았던가!

이번엔 선물 문화를 보자. 한자로 선물(膳物)의 선(膳)은 반찬이나 희생 제의에 올리는 고기를 뜻하며 동사로는 '올린다'라는 뜻이다. 영어 Gift는 '선물' 혹은 '재능'을 뜻하며 give와 어원적으로 같다. 동사로는 '거저 주다'라는 의미이며 'gifted'는 '재능이 있는'이라는 의미다. 그런데 게르만 언어에서 기프트는 뜻밖에도 '독극물'을 뜻한다. 이는 '주는 물건'을 뜻하는 그리스어 '도시스(dosis)'가 '처방'의 완곡한 단어로도 쓰였고 이를 게르만어 '기판(giefan)'

으로 그대로 옮겼기 때문이라고 한다. 하긴 선물과 뇌물(독이 되는)은 종종 헷갈릴 정도로 용도가 섞이기도 한다. 그렇더라도 선물을 받아서 싫어할 사람은 없을 것이다. 그런데 선물은 있는 자들에게 쏠리는 경향이 있다. 명절이면 고위 공무원, 기업 중역들 아파트에는 '딩동-딩동'이 연신 울리며 고가 선물이 쏠린다. 한우 갈비 세트, 산(양)삼, 토종꿀, 굴비나 조기, 송이 등이 주 품목인데 포장이 가격만큼 요란하다. 2016년 9월 김영란법 시행으로 줄었다고는 하지만 여전히 명절 선물은 상위 10% 소수에게 수십 개씩 집중된다. 이를 실어 나르기 위해 명절 전 한두 주는 트럭과 바이크들이 탄소를 뿜어내며 달린다. 선물을 빙자한 기업 판촉물 70%는 낭비다. 쓰레기를 생각하면 정부는 판촉물 가중세를 만들어야 한다. 집에 수십 개가 넘는 에코백은 이제 '애물백'이다. 환경 쓰레기에 독한 비방 글로 거리의 애물이 된 플래카드는 아예 규제하거나 싱가포르처럼 엄격하게 관리하면 좋겠다.

결혼, 장례, 미사, 선물/사은품 등 의식들은 인간의 관계를 확인하고 결속을 단단하게 해주는 전통 풍속이다. 그러나 과도하거나 시대 변화와 맞지 않을 경우, 오히려 사람들 관계를 훼손하는 경우 등엔 좀 과감히 바꾸자. "그게 쉬워? 그럼, 당신은 그렇게 할 수 있어?"라고 물을 것 같은데, 나는 1993년 초 처음 아내를 만나 4월에 양가 상견례를 마치고 결혼식을 5월 월요일 점심, 직장 근

처 동문회관에서 했다. 식사도 갈비탕과 소량 떡만 준비했고 청첩
장도 최소한만 만들었다. 그런데 30년이 지난 아직도 여전히 90%
사람들은 또 그렇게 불편을 답습한다. 지금도 웬만하면 주말 결혼
식은 안 가고 축의금만 보낸다. 장례식은 특별한 경우와 상주가
쓸쓸할 곳만 간다. 아내는 코로나19 때부터 온라인으로 미사를 보
고 대신 기도를 더 자주 한다. 이렇게 일상이 하나둘씩 바뀌면 탄
소도 줄어든다. 다음은 기후에너지환경부와 지자체 정책으로 당
장 할 수 있는 내용들이다.

＊일상 속 탄소포인트제 확대 개편

＊저탄소 생활 교육 프로그램

＊탄소발자국 계산기 보급

더불어민주당 이소영 국회의원이 '2035년 온실가스 감축 목표
(2035 NDC) 61.2%(2018년 대비)'를 지지하며 '이를 위해서는 모든
것이 바뀌어야' 한다는 취지로 2025년 10월에 페이스북에 올린 글
을 인용한다.

"앞으로 10년은 우리 삶에 혁신적인 변화가 일어나기 충분한 시간입니
다. 10년 전엔 ChatGPT가 없었고 유튜버가 직업이 될 줄도 몰랐습니다."

그렇다. 우리는 아직도 미래의 시점에서 백투더퓨처를 생각
할 줄 모른다. 앞으로 10년은 매우 중요하다. 과거처럼 그냥 보내
서는 안 된다. 호미로 막을 걸 불도저로도 못 막는 일이 오기 전에!

　　＊채식 옵션 의무화_공공기관 급식 채식 메뉴 30% 의무화

　　＊대체육 산업 육성_비건 레스토랑 인증제

　　＊축산업 탄소 배출 저감_대체육 R&D 지원

　　이들은 食과 동물권 리추얼 관련 정책이다. 이 정책보다 먼저 움직인 것이 비건 운동이다. 비건(vegan)은 이젠 낯설지 않은 용어다. 일부 리조트나 행사에서는 비건을 위한 식단이 없는 것에 항의해도 받아들여질 정도다. 비건 페스티벌도 있고 비건 패션도 하나의 장르가 되었다. 한강 작가의 『채식주의자』는 비건의 핵심인 동물권, 기후 시민과는 별 상관이 없지만 채식주의자에 가해지는 주변의 무지와 폭력은 실감할 수 있다.

전통 비건-사찰 음식

　　레시피 계보로만 보면 비건의 원조는 사실 동북아 사찰 음식에 가깝다. 사찰 요리는 지역, 국가, 종파별로 다양하다. 한국을 비롯한 대승 불교권에서는 과거 남북조 시대 양나라 무제가 공포한 '단주육문(斷酒肉文)' 영향을 받아 술과 육식을 금하고 있어 채식주의 식단의 표본으로 불린다. 단주육문은 술, 고기, 오신채(五辛菜)를 금하는 규정인데 오신채는 자극이 강한 다섯 채소 즉 마늘, 부

추, 파, 달래, 흥거를 말한다. 흥거는 한국에는 없는 향신료다. 이들은 날로 먹으면 화를 잘 내게 하고 익혀서 먹으면 음란한 마음이 생긴다고 한다. 오신채는 혈액 속에 산소 공급을 원활하게 하여 원기를 북돋는 성질이 있어서 고시생 두뇌 활력에 유용하다. 사찰 음식은 콩 요리, 국수, 버섯과 다시마 등 가루 조미료, 나물과 식물성 기름이 발달해 있고 산속에 있다 보니 저장 음식이 발달해서 장류, 장아찌, 초절임, 소금 절임, 장 절임 등 절임류와 말려서 쓰는 튀김류, 부각류가 특징이다. 고기, 마늘, 부추 등을 쓰지 않기에 사찰 김장, 사찰 피자, 사찰 만두, 사찰 라면, 사찰 짜장면처럼 맛과 레시피가 독특하게 발전했다. 사찰 음식은 동남아시아 상좌부(흔히 우리가 '소승불교'라고 잘못 부르는. 팔리어 삼장을 경전으로 삼으며, 사성제·팔정도·무상·무아 등 초기 불교 핵심 교리와 개인 해탈을 강조) 불교권에서는 육식을 금하는 내용이 없어서 사찰 요리에 육식이 어느 정도 포함되어 있다. '발우공양(鉢盂供養)'은 평상시 승려들의 식사를 이르는 말이다. 발우는 승려의 밥그릇으로, 부처가 가섭이 모시던 용을 밥그릇에 가둬 항복을 받아낸 데서 유래했다. '항용발(降龍鉢)'이라고도 한다. 조계종에서 운영하는 사찰 레스토랑 이름이 '발우공양'인 연유다. 발우공양과 비건은 상관이 없다.

인사동에 사찰 음식 식당이 대안 음식으로 유명했었고 지금도 도반, 아승지(阿僧祇. 화엄경에서 나온 산스크리트어 아산키야

asaṃkhya를 음역한 말로 승기, 아승기야라고도 한다. 헤아릴 수 없는 많은 시간을 뜻한다), 다연지 등 사찰 음식 전문점이 있다. 은평구 북쪽 북한산에 가면 천년 사찰 진관사가 있다. 고려 때 세워졌고 백초월 스님의 태극기가 발견되었으며, 사찰 음식으로도 유명한 곳이다. 다양한 사철 채소, 콩, 부각, 효모 등으로 만들었는데 담백하고 맛있다. 사람도 좋은 총무 스님이 "비건의 진정한 시초는 천년 전통의 절 음식이죠."라고 하셔서 나도 "맞습니다요."라고 답했더니 사찰 음식을 공짜로!

채식, 왜 하는가?

채식주의(vegetarianism)는 동물성 식품을 제한하고 과일·채소·곡물 등 식물성 식품을 섭취하는 식습관이다. 채식주의를 선택하는 이유와 목적은 건강(세계비만연맹World Obesity Federation이 발표한 '세계 비만 지도'에 따르면 세계 비만 인구가 2030년까지 10억 명이 넘고 비만율은 1980년대 이후 3배로 폭증. 미국 40.0%, 멕시코 36.1%, 뉴질랜드 32.2%에 비해 한국은 5.9%로 조사 대상국 32개국 중 31위. 한국 보건복지부 분류는 좀 엄격해서 한국 국민 3명 중 1명이 비만이란다), 체질적 알레르기, 트라우마, 종교, 환경 사상과 신념 등 여러 가지가 있다.[3]

채식 실천의 장애 요인

식사 준비의 번거로움 47.0%, 맛의 품질 42.6%, 영양 문제 37.1%,

채식 상품 다양성 부족 33.4%, 주변인과 교류 어려움 30.6%

채식주의 가운데서도 이를 엄격하게 고수할 것이냐, 유동적으로 시행할 것이냐, 동물성 식품의 범주를 어디까지 허용할 것이냐, 혹은 동물에서 난 재료의 소비를 원천적으로 거부할 것이냐 등 다양하다. 개인 신념과 목적의 채식이냐, 사회운동으로서의 채식이냐 등도 중요한 계기다. 2022년 한국 채식 인구는 200만 명으로 증가세다. 2025년 기준 세계 채식주의 시장은 14조 원, 2030년엔 세계 식품 시장의 30%를 차지할 걸로 전망하며 현재는 채식 식품산업을 필두로 패션업계, 화장품산업 등에서도 채식과 관련된 경제적 활동을 뜻하는 '비거노믹스(Veganomics)' 신조어, '비건 인증원'도 생겼다. 2021년까지 한국에서 비건 인증을 받은 제품 수는 2,256개, 그중 식품은 대형 유통 3사 기준 228개다.

한 조사에 따르면 한국인의 43%가 비건이 되고 싶다고 했다

---

3   한국인이 채식 생활을 하게 된 계기(중복 응답. 출처. 한국농수산식품유통공사 2022 자료)
다이어트 36.7%, 건강 때문에 35.3%, 육식에 따른 환경 문제 개선 27.8%, 비건 접촉 26.0%.

는데 비건은 단순히 채식주의자라기보다는 '동물권주의(부록 13. 참조)'로서 채식주의자를 뜻하는 경향이 강하다. EU 통계를 분석한 '비건 영향 보고서'에 따르면 현재 가축에 사용되는 면적은 10억 헥타르인데 비건이 늘면 이 면적을 그만큼 식량난이나 기아 문제 해결을 위해 쓸 수도 있다.

소는 죄가 없으나

육식을 피하거나 줄이자는 이유는 동물권도 있으나 그보다는 거대 반추동물의 오물, 방귀, 트림이 뿜어내는 탄소와 메테인가스를 막자는 목적 때문이다. 도시에 사는 우리 눈에는 안 보이는 교외의 거대한 축산단지, 비위생적 목장에 이들 가축이 80억 인구의 몇 배나 키워지고 있으며 이산화탄소와 메테인가스를 배출한다. 2006년 유엔 식량농업기구(FAO)가 〈가축의 긴 그림자(Livestock's Long Shadow)〉 보고서를 냈는데 온실가스의 18%가 반추동물에서 나오며 이는 운송업보다 높다는 충격적인 내용이었다. 축산업자들이 이 숫자에 반발했고 니콜렛 한 니먼 같은 이는 『소고기를 위한 변론』에서 "이 숫자가 과장됐으며 소는 죄가 없다."라고 주장하기도 했다. 하긴 뭐, 소는 죄가 없다. 소를 지나치게 탐하는 인간의 위가 문제지. 캘리포니아주 목장에서 남편과 함께 소들을 키우고 있는 목장주이기도 한 그녀는 이해관계자에 포함되는데,

"소는 인간이 못 먹는 풀을 뜯어 먹고 고기와 우유를 생산하는 이로운 동물이며, 소가 아니라 인간의 토지 경운법이나 축산법이 문제이고 특히 공장식 축산이 문제이다. 반추동물이 발생하는 메테인은 오랜 세월 동물, 공기, 나무들의 상호 관계로 자연 순환하는 것이며 소가 메테인 증가 주범이라는 증거가 미약하다."

라고 소를 옹호했다. 축산업 탄소 발생량은 계산법에 따라 달라지긴 한다. 예로 한국의 축산업은 한국 전체 배출 탄소량의 1.3%라고 항변하는데 이는 고기(30%), 사료(90%) 수입, 다른 간접 요인을 뺀 수치다. 배에 실려 탄소 뿜뿜, 저렴한 해외 고기 대신 그러니 국산 소고기를 먹자는 논리다. 육식은 또 다른 이유로 기후 위기에 일조한다. 아마존 농민이나 동남아시아 산촌 사람이 숲에 불을 지르고 땅을 갈아엎어서 가축 사료인 콩, 옥수수 등을 심는데 이 과정에서 지표 아래 있던 엄청난 탄소(지표 탄소는 대기 탄소의 2~3배)가 지상으로 방출된다는 점이다. 아마존 인간 환경 연구소, '이마존(Imazon)'에 따르면 2022년 1월부터 12월까지 파괴된 아마존 숲의 면적은 1만 573km²로, 이는 매일 축구장 3,000개 정도의 면적을 파괴하는 것에 해당한다. 브라질의 룰라 대통령은 삼림 파괴를 막겠다고 공약을 걸었지만, 브라질 다른 지역과는 달리 아마존 파괴는 가뭄, 농업 등의 이유로 소폭 증가세다. 중국 등 인구 대국 국민의 고기 소비량이 늘어나는 것도 미래 위협 요인이다. 고기는 또한 공장. 식당. 가정 등에서 냉동 중에 많은 전기를 잡아먹고 미국 호주 아르헨티나 등에서 대양을 넘어 긴 탄소 거리를 이동하며 고기를 그릴에 굽는 과정에서도 탄소를 방출한다. 집에서 창문을 닫고 고기를 구워 보라.

대체육, 배양육의 진화

"한 명의 비건보다 열 명의 플렉시테리언이 더 채식주의 효과가 크다."라는 말도 있는데 사실 사람은 잡식성이지만 육류를 더 좋아하니 육류의 기억을 포기하기 힘들다. 비건 대안이 대체육이다. 육식 취향도 즐기고 지구도 살리자는 것이다. 현재 성과는 일단 글쎄!

대체육은 콩 단백질, 밀가루 글루텐 등의 식물성 재료로 만들어져 '콩고기', '식물성 고기'로도 불린다. 한국의 대체육 시장은 2025년 전망 271억 원 수준인데 매년 성장 중이다. 비건 숫자도 늘고 있을뿐더러 대체로 고객이 'MZ세대=미래 고객'이고 지구를 위하는 회사 이미지를 높일 수 있어서 많은 식품기업이 뛰어들고 있다. 그린 먼데이(홍콩)의 옴니미트, 오뚜기의 헬로베지, 풀무원의 지구식단, 신세계푸드의 베러미트, CJ제일제당의 플랜테이블, 농심 베지가든 등이 대체육을 개발 중이다. 전문 식당도 늘고 있다.

강남구 코엑스몰 지하 1층에 풀무원의 채식주의 레스토랑인 '플랜튜드', 강남구 압구정동에 신세계푸드의 국내 첫 식물성 정육 델리 '더 베러', 롯데월드몰에 있는 농심의 '포리스트 키친' 등 비건 레스토랑도 늘고 있다. 방문객은 대부분 2030. 이들은 '헬시 플레저(Healthy Pleasure)' 트렌드를 추구한다. 나는 사실 가 보지 못했다. 내가 만났던 대체육 기업 중에 '지구인컴퍼니'가 있었는데 대표는 30대 후반 여성이다. 역시 언론사와 콘텐츠 기업 등에 다니다가 유통에 관심을 가지고 회사를 차렸다고 했다. 처음엔 '못생긴 과일' 유통에 종사하다가 대체육 시장에 뛰어들었다. 그녀 말에 의하면 대체육은 색깔, 식감, 육향이 중요한 데 기술의 정점은 육향(肉香)이다. 현재 육식파들은 아직은 대체육 육향에 만족하지 못한다. 나도 냉동식을 좀 먹었는데, 뭔가 20% 부족했다. 다만 기후를 생각하며 맛있는 척 먹기는 했다.

콩고기 같은 식물성 고기는 맛과 특히 첨가물 문제로 피하는 이들이 있다. 이들을 위한 대체 고기가 배양육이다. 한국의 배양육 스타트업 스페이스에프가 2021년 국내 최초로 배양 돈육 소시지를 만들었다. 스페이스에프는 세포+농업기술을 통해 배양육을 연구·생산하는 기업이다. 이 회사는 정부에서 200억 원과 대상, 롯데, CJ그룹 등 식품 대기업과 업무협약을 체결해 70억 원 규모 투자를 유치했다. 배양육은 콩고기 등에 비하면 좀 생소하고 초기에는 배양액을 얻기 위해 소를 도살하거나 유산시켜서 얻는 소 태아 혈청을 사용했던 이력이 있어 동물권자들에게는 비호감인데 이 회사 대표는 대학교 강의에서 다음처럼 배양육 장점을 소개했다.

“대체 단백질로 육류를 만들면 토지 사용량 99% 감소, 온실가스 사용량 78~96% 저감, 물 사용량 82~96%가 절감됩니다. 핵심 기술은 줄기세포를 배양하는 기술과 조직공학을 활용해 실험실에서 농축산물을 직접 생산하는 것입니다. 동물의 사육이나 도살 없이 육류를 생산할 수 있고 배양육이 상용화되면 지방산 조성이나 철분 함량 조절도 가능합니다. 소의 평균 사육 기간은 32개월, 돼지는 170일이며 현재 세포 하나로 고기 1kg을 생산하는 데 한 달 정도 소요되는데, 배양 비용이 절감되고 세포 분열 활성화 기술이 개발되면 초기 세포 수를 늘려 이 시간을 단축할 수 있습니다. 현재 배양육은 100g에 3만 원 정도로 <u>신선육에 비해 가격이 비쌉니다.</u>”

제공 단가가 3만 원이면 일반 소비자는 유통, 가공비 포함해서 거의 세 배는 내야 한다. 배양육은 가격 관련한 화제가 아주 많다. 2013년, 네덜란드 모사미트가 구글의 세르게이 브린으로부터 투자받아 만든 ‘33만 달러짜리 햄버거’가 화제였다. 패티를 뭉치는 데에만 몇 달씩 걸렸다. 2016년엔 미국 업사이드푸드의 4,800

만 원/100g짜리 미트볼이 화제였다. 2017년에는 640만 원/100g 까지 8분의 1로 값을 낮추었는데, 빌 게이츠가 170억 달러, 카길이 1,700만 달러를 투자했다. 2019년 5월, 드디어 2만 7,000원/100g 까지 값을 내렸고, 이스라엘 기업 알레프팜도 동일 가격으로 값을 낮췄다. 이후 배양액과 적층 방식의 발전으로 급격히 저렴해졌고 소태아혈청 방식 제작도 끝나게 된다.

향후 시장 전망은 2040년이 됐을 때 세계의 신선육이 차지하는 비율은 40%, 대체 단백질은 60%인데 대체 단백질 중 배양육은 35%에 달할 걸로 본다.[4] 배양육뿐만 아니라 배양세포와 배양액을 연구하는 회사, 식감을 결정짓는 지지체를 만드는 회사, 대량 배양을 전문으로 하는 회사 등 분야별로 기술을 보유한 기업 간에 협업이 필요한데 현재 전 세계 150개 이상 회사가 배양육 사업을 하고 있다. 이스라엘 푸드테크 기업인 퓨처미트는 소와 닭뿐만 아니라 양·돼지 배양육도 시장에 출시했다. 배양육은 근육세포와 지방세포가 80~90%, 그를 둘러싼 지지체를 10~20%로 구성해야 실제 식육의 식감, 육향 모델과 가장 유사한 형태가 된다. 퓨처미트의 총책임자인 마이클 레나한은 "양고기는 특유의 향미를 가지

---

4   출처 : https://www.feri.de/media/af4btw5c/fcfi_altfood_englisch-202011.pd-f?utm_source=chatgpt.com

고 있어서 대체육에 대한 반응이 극명하게 나타날 수밖에 없다.”
라며 “퓨처미트의 양 배양육은 일반 양고기와 구별이 안 되는 진
짜 고기다. 지글지글 끓고 똑같은 양고기 맛이 난다.”라고 말했다.
또 다른 이스라엘 기업인 스테이크 홀더는 자사의 3D 바이오프린
팅 기술을 접목해 배양육 조직을 원하는 모양·크기·디자인으로 정
밀하게 생산해 미트볼 등 갈린 돼지고기 제품뿐만 아니라 베이컨·
돼지갈비·햄 등 조직화된 배양육 제품도 개발한다.

육식은 본능인가?

먹는 걸 가지고 따지는 건 예전부터 치사하다고 했는데 이제
는 좀 치사해져야 할 것 같다. 우리가 육식 동물인가, 채식 동물인
가, 잡식 동물인가? 묻는 오래된 논쟁이 있었다. 핸리 S. 솔트가
쓴『100년 논쟁, 무엇을 먹을 것인가(The logic of Vegetarianism)』
에 잘 나온다. 1851년생 영국인인 그는 첫 책으로『채식주의를 위
한 청원』이라는 책을 썼으며 ‘채식주의’ 용어를 처음 만든 영국 ‘채
식주의자협회’ 회원이다. 헨리 데이비드 소로를 존경하여 그의 전
기를 썼으며 그 인연으로 간디와도 친분을 맺었고 “동물과 인간
사이에 큰 차이가 있다는 생각을 버리고 모든 생명에 대해 인도주
의적 유대감을 가지고 접근해야 한다.”라며 동물권을 처음으로 주
장했다. 논쟁 중에서 잡식성에 대한 솔트의 의견은,

"'잡식'은 돼지처럼 아무거나 먹거나 인육도 먹는다는 뜻이 아니라 <u>인간</u>
<u>이 어떤 자연법칙(치아, 침샘, 위 등의 자연 신체 기능-저자 주)에 얽매이</u>
<u>지 않고 자유롭게 좋은 것은 먹고, 나쁜 것은 먹지 않는 절충적인 습관을</u>
<u>지니고 있다는 것</u>을 암시하며 인간은 어떤 것에도 즉 채식에도 육식에도
적합하다는 것을 뜻한다. 올드필드 박사의 말처럼 '우리가 고등동물로
진화할수록 선택이 잡식성을 대체한다. 유기체가 복잡하면 복잡할수록
선택의 능력 또한 커진다. 잡식성이 아닌 선택이야말로 인류가 더 상위
동물로 진화하고 있다는 증표이다.'"

여기서도 선택이란 단어가 중요하게 나온다. 솔트는 현대에
도 통할 만한 주장도 했다.

"신체적 구조나 인정 많은 본능 등을 고려할 때 인간은 서로 잡아먹는 종
이 아니라 서로 협력하는 종이 분명하다. 그러나 지금 인간은 자연에 순
응하는 대신 자신을 맹수(beast of prey)로 설정해 자연에 가장 큰 해악
을 끼치고 있다."

21세기 미국, 중국 등에서 비만아들이 특히 늘고 있는 것은
스트레스를 주는 사회심리적 원인, 부모들의 잘못된 교육, 식품
회사/식당업자들의 무개념, 언론의 무관심 등에 따른 육식, 과식,

과시 연대성, 정크푸드, 배달 의존 식습관 때문이다. 이 중에 특히 육식, 과식, 과시 연대성에 대해 100년 전에 쓴 솔트의 이야기를 다시 들어 보자.

"고기를 많이 먹는 것이 부자로 사는 표시이자 상징으로 인식되면서 크리스마스 명절을 보내는 영국식 방식이 되었다. 파라과이 식민지의 한 신문은 크리스마스 축하 행사를 전하면서 '우리도 과식이라는 가장 성스러운 의식을 통해서 영어를 쓰는 세계 방방곡곡과 연결되었다.'라고 보도했다. 식민지와 본토 사이에 얼마나 멋진 도덕적 연대인가!"

모두가 비건이 될 필요는 없다. 송곳니(고릴라도 송곳니가 있는데 이는 방어용임)를 가진 인간에게 고기는 매력덩어리다. 불로 구우면 고기는 더 맛있고 소화 효율도 올라간다. 그러나 선택할 수 있는 잡식 동물인 인간은 기후 시민으로 거듭나는 ESG 라이프를 위하여 플렉시테리언처럼 채식 비중을 늘리고 식사량을 줄일 수 있다. 현대인은 너무 많이 먹는다. 집값이 비싸서 주방을 만들기 힘든 홍콩을 제외하면 한국처럼 외식 식당과 심야 배달 주문이 많은 나라도 드물다. 거기다가 스트레스는 심하니 이중삼중 이유로 비만이 급증한다. '먹방+맛집-셀카-과식-비만-다이어트-약' 코스로 이어진다. 비만을 빼기 위해 위고비 같은 약이 인기라니! 비건 이전에 소식(小食) 문화가 더 필요하다. 아이가 어릴 때는 성장 걱정에 육류를 먹이는 부모라도 아이의 나중을 위해 동물 사랑 마음을 키워주기 위해 식탁 바닥에 초원과 평화로운 가축 그림 등을 까는 것도 잠재의식 교육이 된다고 한다. 2030 세대라면 당신의 지구를 위해 기존의 점심시간을 **ESG 런치 타임**(이 말이 어려우면 '기후 시민 런치')으로 개념을 바꿔 샌드위치, 선식 등 간단 식사로 대체하는 문화는 어떨까?

⊕ 백종원은 요리인 겸 방송인 그리고 더본코리아 사장이다. 설탕, 조미료를 막 치고 싸게 많이 파는 백종원 방식은 대중 친화적이나 기후 행정 관점에서는 매우 위험한 세일이다. 보통 방송국은 기업이 프로그램에 드러나면 상표도 모자이크 처리한다. 그런데 백종원은 10년 이상을 방송에서 다뤄 준다. 그런 노출로 인지도와 신뢰도 상승을 따지면 연 광고비 수천억 원을 무상 지원하는 효과다. 여기에 더해 6개 지자체가 2년 전부터 백종원 지명도를 이용해 지역 축제를 더본코리아에 위임했다. 지자체가 무조건 모객 숫자만 노려서 결정한 것이다. 축제는 왜 하는 건가? 그 서투름과 차별화 목적 없음(토털 정체성 파괴), 로컬리티를 저버린 결정에 사회적 비판도 많이 일었다.

8. 리사이클링과 플라스틱 감축

물건은 순환한다. 그 순환의 고리만 잘 지켜도 우리 소비와 탄소
는 많이 줄어든다. 사이클은 세 종류가 있다. 모두 제품의 사이클
을 연장하는 방법들이다.

◆ 리사이클(recycle): '재사용'. 형의 옷을 동생이 물려받고 책을
중고 서점에 팔고 당근마켓 등을 이용하는 방식이다. 리퍼브
(Refurbished)는 제품을 수리·점검해 새 제품 수준으로 복원해
저가에 판다. 반품된 제품이나 초기 불량품을 제조사나 전문 업
체가 재검사·수리해 저렴한 가격에 재판매하는 방식이다. 못생
긴 과일 판매와 같다. 만물상 '생활 경매' 방식도 있다. 일반 고가
경매시장과는 달리 집에 쌓인 중고 생활용품을 생활 경매사를
통해서 구매해 재활용하는 방식이다. 쇼 같은 재미가 있고 경매
사의 눈을 통해 가치 재창출도 된다. 나는 에어컨 제습 기능이 뽑
아내는 물을 받아 화단에 준다. 제습기가 우리 집 실내에서 뽑아
내는 물의 양이 놀랍게도 하루 약 40L, 한 달이면 1,200L에 달한
다. 자칫 버려질 뻔한 물을 공기에서 뽑아낸 리사이클 사례다.[5]

◆ 업사이클(upcycle): '새활용'. 폐자전거 페달을 이용해서 전기를
만들어 세탁기나 믹서기를 돌리는 것이나 음식물 쓰레기를 썩

혀 메테인가스를 발생시킨 뒤 레인지용 가스로 쓰거나 폐타이어를 이용해 거대한 공룡 조각품을 만들고 폐목을 활용해 집을 짓는 것 등.

◆ 노사이클(nocycle): 몽당연필 쓰기처럼 물건 하나를 용도가 다할 때까지 끝까지 쓰는 것.

아름다워라 1

먼저 여러분에게 말하고 싶은 것은 물건 사이클링은 의식적으로 노력해야 하는데 그렇다고 그냥 고통만 수반하지는 않는다는 것이다. 새로운 라이프스타일과 미학도 만든다. 돈으로 환산할 수 없는 멋지고 아름다운 기후 소득이다. 이 부분에서 우리는 니체 주장을 하나 빌려와도 좋을 것이다. 니체가 『차라투스트라는 이렇게 말하였다』에서 인간의 정신 성장 단계를 낙타-사자-어린아이로 나눴는데, 먼저 낙타는 기존 가치와 규범을 수용하며 책임을 짊어

---

5   2025년 기준 한국의 1인당 하루 물 사용량은 306L로, 2022년(305.6L) 대비 소폭 증가했다. 이는 독일(150L), 덴마크(188L) 등보다 2배 이상 높은 수준이다. 한국 1인 가구는 하루 276L, 4인 가구는 152L로 가구원 수가 많을수록 1인당 사용량이 감소하며 아파트(572L)보다 다세대주택(626L) 물 사용량이 더 많다. 2019년 유엔 보고서에 따르면 한국은 물 스트레스 지수(Water Stress Index. 특정 지역이나 국가에서 물의 공급과 수요 간의 균형을 평가하는 지표)는 25~70%로 '물 스트레스 국가'로 분류된다.

지는 단계다. 사회적 요구에 순응하고 인내심을 발휘하지만, 내면의 선택이 아닌 외부 기준에 의존한다. 사자는 기존 가치를 부정하고 자유를 추구하는 단계다. "'너무 오래 참아 왔다.'고 외치며, 자신의 힘과 권리를 되찾기 위해 싸운다. 그는 권위와 기존의 가치에 도전하고, 자신만의 길을 가려고 한다." 마지막 어린아이는 순수한 창조적 태도로 새로운 가치를 창조하는 단계다. "그는 자유롭고 순수하며, 모든 것을 새로운 시각으로 바라보고, 창조적인 가능성을 지닌다. 그는 '이제 다시 시작하자.'라는 마음가짐으로 모든 것을 새롭게 창조할 수 있다." 이걸 응용한다면 사이클링은 낙타가 멘 짐이 아니라 어린아이처럼 새로운 삶의 시작으로 볼 수도 있지 않을까 싶다. 그렇게 하는 것이 구질구질하지 않고 차라리 당당하다. 너무 가난했던 코코 샤넬이 파티에 입을 옷이 없어 침대보를 뜯어 자기 의상을 직접 만들어 입고 간 계기로 고전주의를 고집하던 오뜨 꾸뛰르 패션계에 혁명이 일어났음도 기억하자.

자, 이제 우리가 얼마나 버리는지 옷부터 보자.

한 해 지구에서 생산되는 의류는 대략 1,000억 벌이고 그중 3%인 30억 벌은 그해 버려진다. 아깝지 않은가! 이에 2002년, 안국동에 아름다운 가게가 처음 만들어졌다. 사회적 기업으로는 대한민국 2호고 이후 리사이클링 문화를 선도했다. 현재는 110여 곳에 매장과 온라인 숍, 뷰티풀마켓이 있고 미국 LA와 인도네시아

자카르타에도 매장을 열었다. 현재 누적 기부량은 2,698만 6,590건, 물품 기부자는 55만 8,531명이고 정기 현금 기부자는 7,096명이다. 전국에 자원봉사자('활동 천사')는 4만 3,553명이며 중앙일보와 함께 '위아자' 중고 장터도 꾸준히 주최했다. 탄소 상쇄를 위해 아름다운 숲 조성도 힘쓴다. 가죽, 어닝 등의 폐자원으로 업사이클링 제품을 만드는데 뉴욕 MoMA에도 진출했다고 한다. 니체의 어린아이 같지 않은가.

'당근'하면 젊은 세대는 당나귀 대신 '당근마켓'을 떠올린다(리브랜딩으로 이젠 그냥 '당근'). 지역 기반 온라인 중고 거래 플랫폼 운영기업 당근의 2023년 기준 누적 가입자 수는 3,600만 명으로, 월간 활성 이용자 수(MAU)만 1,900만 명이다. 한 해 거래 건수는 1억 7,300만 건. 무료 나눔 건수도 1,300만 건 포함돼 있다. 당근 이용자들은 탄소 배출량 기준으로 누적 3억 2,500만 그루의 소나무를 심은 효과를 만들었다. 2024년 당근은 매출액 1,892억 원, 영업이익 25억 원을 기록했다. 2015년 창업 이래 첫 연결 기준 흑자를 낸 것이다. 일본, 북미에도 확대 중이다. 동네 주민들의 다양한 이야기와 관심사, 정보가 오가는 '동네 생활' 게시판에선 올해 2,500만 건의 교류가 이어졌다. 이걸 보면 한국인들의 기후 시민 의지들은 충분해 보인다. 이런 게 현명한 기후 소득이고 로컬 사랑이다.

망원동과 서울역에 있는 알맹상점은 제로 웨이스트 숍이다.

껍데기는 안 팔고 알맹이만 판다는 철학을 표방한다. 물건을 분할 및 리필해서 판다. 손님이 말린 커피 가루를 가져가면 화분이나 연필로, PP/PE 병뚜껑은 자석 고리나 치약 짜게로, 종이팩은 휴지, 크레용은 리크레용으로 업사이클링한다. 트루는 기업과 민간에서 폐장난감을 모아 분해해서 업사이클링을 하는 사단법인이다. 서울혁신파크에 있다가 2021년 파주로 옮겼다. 일 년에 수거하는 양이 절대 만만치 않다. 여러 기업이나 물총 축제 같은 단체에서 보낸 폐플라스틱도 재활용한다. 분해한 장난감 일부는 학교에 판매해서 아이들의 업사이클링을 유도하고 일부는 예술 제품으로 재탄생한다. 일부는 아프리카 등 나라의 어린이들에게 보낸다. 광명 광산동굴 입구에 가면 쓰레기 소각장이 있고 그 앞에는 업사이클링 센터가 있다. 예술가들이 비닐, 폐플라스틱, 헝겊, 옷 등을 이용해서 예술 상품을 만들어 기획 전시한다. 선거나 축제 때 썼던 배너나 현수막을 이용해서 에코백, 로프 등을 만드는 단체나 기업은 점점 늘어나고 있다.

아름다워라 2

업사이클링 대표주자인 스위스의 프라이탁은 1993년 마커스 프라이탁, 다니엘 프라이탁 형제에 의해 설립되었다. 버려진 천막, 자동차 방수포, 자전거 바퀴 속 고무, 폐차 안전띠 등을 가방으로 재활용하는 대표적인 업사이클링 회사다. 주재료는 타폴린이라는 타르를 칠한 방수천이다. 이 회사 제품은 똑같은 것이 없다. 세계 350개 매장에서 연간 500억 원 정도의 매출을 올린다. 리코드(Re:code)는 2012년 창업한 국내 패션 기업이 진행하는 지속 가능한 업사이클링 패션 브랜드다. 연간 40~60억 원 정도의 자사 제품이 소각되는 것을 생산적인 활동으로 전환하고자 하는 고민에서 시작됐다. '버려지는 재고에 디자이너의 아이디어를 더해 재(RE)탄생시킴과 지속 가능한 문화(CODE)를 전파한다.'라는 의미로, 매년 버려지는 재고 상품을 해체하고 재조립하는 업사이클링을 한다. 의상은 팬츠를 재킷으로, 낙하산 천을 재킷 원단으로 활용하는 등 기존 리폼 방식과 다르다. 또한, 재고 의류와 공장에서 남은 원단이 재료의 절반 이상을 차지하며, 산업 폐기물이나 군용 제품도 활용한다. 지속 가능한 패션은 환경에 미치는 영향을 최소화하고, 노동자의 권리를 존중하며, 오래 입을 수 있는 고품질의 옷을 만드는 패션 산업의 움직임을 뜻한다. 주요 특징은 다음과 같다.

◆ **친환경 소재 사용**: 오가닉 코튼, 리사이클 폴리에스터, 텐셀 등 환경 부담이 적은 소재.

◆ **윤리적 생산**: 공정한 임금과 안전한 노동 환경을 보장하는 공정 무역.

◆ 제로 웨이스트: 생산 과정에서 폐기물을 줄이고, 재활용 가능한 포장재 사용.

◆ 느린 패션(Slow Fashion): 유행에 좌우되지 않고 오래 입을 수 있는 디자인.

대표 기업으로 해외는 프라이탁을 비롯해 파타고니아, 리포메이션, 에버레인 등이고 국내는 플리츠 마마, 마르헨제이, 리코드 등이 꼽힌다. 기후 시민도 지속 가능한 패션에 참가하는 방법이 있을까? 있다. 블로거 '비즈니스 컨설팅'이 제공한 바에 따르면 다섯 가지다.

◆ **중고 쇼핑과 빈티지 활용**: 당근마켓, 번개장터, 혹은 빈티지 숍에서 고유한 스타일의 옷을 찾아보기. 중고 의류는 새 옷을 생산하는 데 드는 자원을 절약한다.

◆ **옷장 정리와 오래 입기**: 자주 입지 않는 옷을 정리하고, 기본 아이템을 중심으로 믹스 앤 매치. 퀄리티 좋은 옷은 오래 입을수록 가성비가 높아진다.

◆ **소재 확인하기**: 쇼핑 전 라벨을 확인해 오가닉 코튼, 리넨, 텐셀 등 친환경 소재인지 체크. 폴리에스터나 아크릴 같은 합성 섬유는 피하자.

◆ **DIY와 업사이클링**: 오래된 옷에 패치워크, 염색, 자수를 추가해 새롭게 변신. 유튜브 튜토리얼을 참고하면 초보자도 쉽게 가능하다. 요즘은 거의 폐기된 재봉틀을 지자체에서 도입, 시민 교육과 폐의류 업사이클링도 좋은 레트로 방법이다.

◆ **지속 가능한 브랜드 서포트**: 작은 브랜드라도 친환경 철학을 가진 곳을 찾아 지지하자. SNS에서 #지속가능패션 같은 해시태그로 최신 브랜드를 발견할 수 있다.

블랙야크는 국내 의류업체 중 최초로 폐페트병을 재활용해 옷을 만든 아웃도어 브랜드다. 창업자인 강태선 회장은 파타고니아의 이본 쉬나드 회장처럼 산 사랑 사나이인데 2015년 미국 친환경 아웃도어 '나우' 인수가 사업의 첫 출발점이 되었다. 나우는 모든 원부자재를 100% 재활용하는 회사다. 100% 재활용 시스템을 구축한 회사는 2015년 당시 전 세계에서 나우가 유일했다. 나우는 매출 1%를 환경단체 지원에 사용할 정도로 환경에 진심이다. 2020년 7월 업사이클링 제품을 출시한 이래 2023년 기준 6,800만 병을 재활용해 재생 원사를 뽑아서 패션 상품을 만들었다. 전체 상품 중 40%가량이 폐페트병을 재활용해 개발한 폴리에스터 원사 '케이-알-피이티'로 만들어진다. 아이유와 손석구 모델로 '그린야크' 캠페인을 시작했으며, 현재는 옷걸이, 블라인드 등의 매장

집기까지 재활용 소재로 개발하고 있다. 카네이티는 미국과 유럽에서 사용하는 군용 텐트로 가방을 제작하는 업사이클링 브랜드다. 매년 10톤 이상의 폐텐트를 미국, 유럽 각지에서 수급하고 여러 차례 워싱 과정을 거쳐 제작한다. 숄더백, 여행용 가방은 물론 클러치백과 지갑 등을 제작하고 있으며 소재는 디자인에 따라 조금씩 다르다. 디자인을 중요하게 생각하는 브랜드로 제품을 만들 때도 텐트 그대로의 요소를 최대한 담아내려 한다.

아름다워라 3

타운 마이스(Town MICE)는 마을 전체를 하나의 마이스(MICE: 기업회의·포상관광·컨벤션·전시회) 행사장으로 활용하는 지역 활성화 전략이다. 기존 대형 컨벤션센터나 호텔 중심에서 벗어나, 마을의 공공·상업 공간, 역사·문화 자원, 주민 커뮤니티 등 다양한 자산을 활용해 방문객과 지역 주민 모두에게 새로운 경험과 경제적 기회를 제공한다. 강원특별자치도 정선군 고한읍 18리에 만들어진 '마을 호텔'은 호텔처럼 마을에 수평으로 숙박, 유흥, 식당, 커피숍 등을 두고 있다. 마을 입구가 로비인 셈인데 들어가면서 다양한 조형물과 식물, 아웃테리어 그리고 주민들이 운영하는 숙박시설, 커피숍, 식당 등 11개 시설을 만날 수 있다. 서울혁신파크에 둥지를 틀었던 영화제작사 '눈'의 강경환 대표가 주민들

과 수년간 숙의 끝에 완성한 마을로 많은 지자체의 마을 업사이클
링 모델로 꼽히고 있다. 마을협동조합이 운영한다. 이때 핵심은
주민 주도라는 것이다. 일본의 커뮤니티 호텔(동네 주민들도 커뮤
니티로 이용하도록 프로그램을 제공하는 호텔)과는 다르다. 충청남
도 공주시의 제민천 마을도 마을 호텔 사례에 들어간다.

선인가, 악인가 플라스틱!

인류는 오랫동안 이상적인 소재를 찾아왔다. 자연이 제공하
는 나무, 철 등은 부식이 되고 성형이 쉽지 않고 무거웠다. 미국 '재
료 기술자 국제협회'에 따르면 이상적인 소재는 '풍부한 자원 보존
량, 저렴한 원료 제조비, 에너지 효율성, 적당한 강성과 견고성 및
온도 안정성, 가벼움, 부식 저항성, 친환경성, 생분해성, 재활용성'
이라는 여러 조건을 만족해야 한다. 물론 현재까지도 이런 소재는
없다. 그러나 비슷한 게 만들어졌다고 인류는 착각했다. 1907년 레
오 배클란드가 발명한 최초의 인공 합성고분자가 그것이다. 그는
미국의 발명가 명예의 전당에 헌액되었다. 이후 PS, LDPE, HDPE,
PP 등이 만들어졌다. 싸고 성형이 쉽고('plastic-유연한' 이름이 여
기서 나옴) 가벼웠다. 인류는 새로운 고분자의 천국으로 들어섰다.
플라스틱은 1950년대부터 급속도로 철, 나무, 흙, 고무, 유리, 시멘
트 등을 대체해 갔다. 이제 칫솔을 만드는 데 고래수염을 쓰지 않

아도 되었고 의자를 만드는 데 나무를 베지 않아도 됐고 비닐하우스를 지지하는 데 대나무를 쓰지 않아도 되었다. 농부들은 멀칭 소재로 저렴한 비닐을 썼다. 합성 섬유도 플라스틱 일종이다. 초기 열광이 끝나고 70년이 지난 지금, 지구를 메워 나가는 플라스틱을 보면서 인류는 전율하게 되었다. 플라스틱은 이상적이지도, 착한 소재도 아니었다. 플라스틱은 생분해성, 자원의 풍부성(바이오 플라스틱은 제외), 환경 부작용(잘게 부서져 물고기 등이 먹고 기형을 만든다), 재활용 등에서 불량한 재료인 것으로 드러났다. 특히 생분해성, 환경 부작용, 재활용 등의 결점은 지구 환경에 치명적인 속성으로 부각됐다. 현재 태평양에는 한반도 크기의 플라스틱 섬이 떠돌아다닌다. 플라스틱은 매우 복잡한 소재다. 합성에 따라 리사이클링이 안 되는 것(PP, PS 비닐계)도 있고, 되는 것(PE 비닐계)도 있다. 잘만 쓰면 대부분은 업사이클링할 수 있다(부록 16. 참조).[6]

---

[6]　전국의 250여 개 지자체에 최소한 한 곳씩은 '서울새활용플라자 같은 리/업사이클링 센터 만들기를 제안한다. 서울시는 고 박원순 시장 때인 2017년부터 재생 특구인 성동구 장안평에 '새활용 플라자'를 운영한다. 재사용과 재활용을 포함하며 지상 5층, 지하 2층에 연 면적 8,000평 규모로 세계 최대다. 방문 인원은 2021년 기준 43만 218명, 교육 참여는 17만 6,765명이다. 옷, 병, 공구, 플라스틱, 종이, 자전거 부품 등 다양한 재활용품들이 장르별로 쌓여 있다. 다양한 재활용 기능 자격을 가진 분들이 일하며 재봉틀도 잘 활용한다. 기후에너지환경부가 '재료 순환청'을 만들면 좋겠다. '(가칭)새활용 스페셜리스트'로 청년과 중장년 일자리도 전국에 수만 개는 만들 수 있을 것 같고 새활용 산업도 만들 수 있을 것이다.

3부
일과 교육의 전환

9. 교육 전환 – 기후 시민 양성

10. 재택근무 제도화

11. 오피스 혁신 - 제로 에너지 빌딩

12. 워케이션(Workation) - 일과 휴가의 결합

9. 교육 전환 - 기후 시민 양성

기후 위기를 초래한 게 화석연료(탄소)라고 알고 있지만 그것은 빙산의 드러난 부분만 본 것이다. 그것을 초래한 근본 원인은 따로 있다. 더 근본 원인은 나오미 클라인이 지적한 것처럼 자본주의다. 그것이 모든 것을 바꿨다. 자본주의는 통제되지 않는 인간의 욕망을 자극한다. 그리고 인간은 불안이나 의심을 잘하는 심리적 동물이라 경제학자 케인즈가 1936년 저서(『고용, 이자 및 화폐의 일반이론』)에서 처음 제시한 '야성적 충동(Animal spirits)'에도 휘둘린다. 그 충동이 결국 화석연료의 무분별한 사용을 부른 것이다. 그런 욕망을 가라앉히려면 교육이 절대 필요하다.

'인간은 교육으로 크고 교육으로 바뀐다.'

앞에 언급한 소비 3.0, 리추얼 변화, 깨어 있는 도시 등도 교육으로 전환이 가능하다. 토트네스 설계자 롭 홉킨스나 카를로스 모레노 교수도 전환 마을, 15분 도시 실현에 교육과 참여의 필요성을 역설한 바 있다. 그런데 우리 교육의 실상은 어떤가?

'학이시습지 불역열호(學而時習之, 不亦說乎)' 사상에 빠진 한국은 일단 교육에 미친(crazy) 나라다. 이것은 지난 100년 동안 좋은 결과를 냈다. 문맹률이 세계 최하고 대졸자가 비약적으로 늘었다. 공교육 체계가 세계에서도 뛰어나다. 그런데 과유불급인가! 공교육이 공고함(2020년 기준 우리나라 학생 1인당 공교육비 지출액은 1만 4,113달러로 전년보다 2% 증가했으며, OECD 평균 1만 2,647달러보다 높았다. 단 대학생은 OECD 평균의 67%. 출처: OECD 교육지표 2023)에도 불구하고 입시 위주 사설 학원과 사교육, 선행·조기 학습 등의 유령 교육들이 판을 친다. 부산물로 '에듀 푸어(education poor. house poor를 빗댄 신조어)'라는 말도 나왔다. 공부한 학생도 가난하고 교육을 시킨 부모도 가난해지는 이중 푸어 현상이다. 이것은 양적으로 미친 것이다. 2018년 11월 23일부터 2019년 2월 1일까지 방영한 JTBC 금토 드라마 〈SKY 캐슬〉은 대한민국 상위 0.1%가 모여 사는 'SKY 캐슬' 안에서 남편은 왕으로, 자식은 왕자와 공주로 키우고 싶은 명문가 출신 사모님들의 처절한 욕망을 드러낸 풍자 드라마였다. 여기서 SKY는 이중적 의미를 지닌다. 말 그대로 하늘까지 가겠다는 욕망 그리고 서울의 3대 명문을 뜻하는 서울대, 고려대, 연대. 이렇게 양적인 것에 인생을 올인(All-in)한 인간들이 모여 사는 강남은 강남 스타일을 만들고 고액 학원 밀집 지역의 수구 공동체, 욕망의 배설구가 되어 버렸다. 부러워는 하지만 아무도 존경은 하지 않는 곳.

우리 교육은 인간, 지구, 공생과 공존을 가르치지 않은 성장과 욕망 교육이 자주 지적받는다. 점수, 평가, 학력, 학위에만 매달린다. 이는 1990년대까지 가치들이다. 지자체와 (교육) 공무원이 지난 30년간 상당 부분 방치한 결과다. 독립기관인 교육청의

성과도 아직은 실감되지 않는다. 선출직인 교육감들이 '기후 위기
+삶의 질' 관련한 입체적 공약을 내 건 사례가 있는지 잘 모르겠
다. 교육청은 전국에 17개가 있으며, 소속 기관으로서 교육지원청
을 두고 있다. 교육청은 독임제 집행기관인 교육감의 보조기관이
다. 교육감은 4년에 한 번 전국 동시 지방선거를 통해 선출한다.
교육감은 지방자치단체로서 주민 참여 예산도 운영하며 대학교를
제외한 유아·초등·중고등교육과 시설관리, 재정지원, 평생교육,
체육교육, 사교육, 도서관 운영과 교육 공무원의 인사이동 업무를
한다. 막강 파워인데 사실 교육감이 누구인지 제대로 알고 투표를
하는 유권자는 드물다. 40대 젊은 교육감도 없다. 다 인맥 좋은 옛
날 어르신들이다. 그 정도 나이면 교육감보다는 50세 전후 교육
감을 뽑는 일을 돕고 본인들은 고문 정도가 맞는 자리 아닌가? 60
대가 아직 젊은 나이라 하지만 빠른 변화를 현장감 있게 캐치업하
기에는 어려운 나이다. 고정관념과 과거 자기 업적에 빠지는 우물
안 황소개구리가 되기 쉽다. 이분들은 기후 이슈에도 둔감할 수밖
에 없다. 지자체장들도 이건 마찬가지이니 이제는 X세대, M세대
에게 자리를 좀 넘기자.

　　아무튼 내가 인지하는 한 지금 한국 교육의 모습은 대체로 다
음과 같다.

＊유아 때부터 박사(2023년 기준, 한국연구재단 자료에 따르면 약 10만 5,000명)까지 최대 24년으로 늘어난 총학습 기간. 공무원 사회가 자문·강의 초청 때 박사와 교수를 우대하니 모두가 박사는 따 두려고 한다.

＊조급증 학부모들의 조기 교육, 선행 교육, 출세와 경쟁 중심, 〈SKY 캐슬〉현상

＊나라와 학생 그리고 학부모를 망치는 과도한 학원 교육

＊AI 통역이 가능한데도 미국 출신 원어민이 우대받음

＊오로지 입시 중심 교육. 입시도 돈 잘 버는 의대가 목표

＊토론과 협업을 모름(디지털리터러시 협회장인 박일준 대표가 영국, 베트남, 한국 학생 대상으로 디지털 리터러시 교육을 시행했는데 한국 학생은 기술에만 관심을 보인 반면, 영국과 베트남 학생들은 협업, 토론에 더 관심을 보였다고 전했다)

＊현명한 소비와 헤리티지, 공동체 체험 학습이 약함

＊사고 위험과 안전을 이유로 현장 체험이 더 사라진 닭장 교실, 캠퍼스 속 암기 교육

＊세계관, 시대 변화를 반영하지 못하는 기능 교육

＊헬리콥터맘과 학생의 교권 침해 증가

＊이제는 고교까지 거의 80% 이상으로 높아진 여교사 편중. 양성평등 교육은 가능한지

＊학부모의 20년 이상 과도한 희생과 그로 인한 에듀 푸어

미래 교육의 세 길

과거에 통했던 전술은 때로 독이 되기도 한다. 성공의 칼이었던 한국 교육도 그렇게 가는 것은 아닌지 우려된다. 전대미문, 블랙스완! 기술도 바뀌고 인구도 줄고 100세 시대도 온다. 게다가 기후는 모든 것을 바꿔 놓을 것만 같다.

이런 데도 한국 부모들은 자식 키우느라 뼈 발리고 아이들은 교육 내용 중 40%는 쓸데없는 학업을 채우다 청춘을 깎아 먹는다. 남자아이들은 군대까지 2년 다녀와야 한다. 그러니 이대남이 삐딱하지! 보통 사회 이론은 현실보다 10년은 늦게 나온다고 말한다. 그런데 10년은 기차가 칙폭칙폭 다니던 과거에나 통하던 시간 단위다. 지금은 5년도 늦다. 팬데믹 주기가 10년에서 5년으로 바뀌었다. 당장 2023년에 AI가 처음 나왔는데 겨우 3년도 안 되어 AI 변화가 눈부실 정도고 애플과 구글을 제치고 엔비디아가 선두 그룹으로 올라섰다. 교육부나 학교 선생들은 10년 전 교육은 아는지 몰라도 빛의 속도로 변화하는 세상에 더딜 수밖에 없다. 교육 이론이 적시에 안 나오기 때문이다. 게다가 교육자들은 기본적으로 '변화'를 싫어하고 무서워하는 체질이다. 그래서 붉은 여왕 효과를 배척하며 앨리스처럼 자꾸 시간을 붙들려 하고 되돌리려 한다. 현대인에게 기업 생활은 거의 필연임에도 정작 교사들은 기업에 다닌 적도 없고 창업한 적도 없고 일탈한 적도 없다. 닭장에서 모범생으로 살다가 시험 쳐서 된 분들이니 그렇다.

요즘 메타의 마크 저커버그가 파격 영입한 AI 천재 매트 데이트케가 화제다. 2001년생, 알파 세대. 그는 고등학생 때 컴퓨터 그래픽스에 빠졌다가 이미지를 기계가 스스로 조작하고 개선해 나가는 걸 보고 세상이 바뀔 것을 직감했단다. 그래서 진로를 바꿔 AI에 매진했고 오하이오 주립대, 워싱턴대 박사 과정을 거치면서 독보적 기술력과 학문적 능력을 입증했다. 시애틀 앨런 인공지능 연구소에서 주요 연구자로 활동하며 텍스트, 이미지, 오디오 모두 이해하는 멀티모달 챗봇인 몰모(Molmo) 개발에도 기여했다. 메타가 3,300억 원에 영입한 그의 나이 고작 24세. 오 마이 갓! 한국이라면 남자인 그는 지금 제대 후 3학년에 복학할 나이고 고등학생 때는 대입 시험에 매진했어야 한다. 인공지능이 아니라 학원 선생을 만났을 것이다. 한국 영재 학생들은 그런 그의 비욘드 이력에 그냥 넋 놓고 중얼거릴 수밖에. '나 이민 갈래!'

나는 교육 비전문가지만 24년간 두 아들을 키웠다. 기업에서 부장으로 일할 때는 대학생 대상 커뮤니티 프로그램을 만들면서 수많은 대학생과도 소통했다. 교수 친구들도 많은 편이다. 전국의 대학교와 지역 사회 연결 사정도 지인 교수들을 통해 어느 정도는 알고 있다. 그 자격으로 교육계(교육청과 대학교)에 말하고 싶다. 한국 미래 교육은 '세 개의 길'을 새로 열고, 진심으로 해야 한다고.

첫 번째 길은 초등부터 대학교까지 전 과정에서 창업 관련 교육을 10배 강화하는 것이다. 두 가지만 힌트로 제시한다. 하나는 미국인들은 어릴 때부터 '창고(garage) 문화'를 경험한다. 창고에 가득 쌓인 공구로 이것저것 만들어 보는 실제 체험이다. 스티브 잡스 전기에도 그런 내용이 나온다. 두 번째 힌트는, '책을 100권 읽는 사람과 책을 한 권 쓰는 사람 중 누가 더 절박하게 공부할까?' 란 질문에 있다. 정답은 후자다. 책을 쓰려면 자기 이름이 들어가야 한다. 그럼 절박해진다. 책 100권은 책을 쓰면서 절박하게 읽게 된다. 교육과 창업 관계도 마찬가지다. 창업 교육 강화가 이 책 주제인 기후 문제와 관련이 없는 것 같으나 창업 내용이 대학교의 미래, 기후 테크 관련이라면 관련이 클 수도 있다. 앞으로는 기후(그린) 테크가 성장할 것이며 유관 분야는 점점 넓어진다. 메사추세츠 공과대학의 융합 연구소인 MIT 랩은 혁신적인 연구소로 유명하고 리빙랩(Living Lab)도 기원은 이곳이다. 리빙랩은 '살아있는 실험실'이란 뜻으로 2004년 미국 MIT대학 미첼 교수가 스마트홈 기술 개발을 연구하기 위해 아파트 자체를 실험실로 만들어 연구하면서 시작되었다. 세계 톱 아이디어 그룹 '이데오(IDEO)'를 창설하고 'D-스쿨'로도 유명한 미국 스탠퍼드 대학교 교육대학원의 한국계인 폴 김 교수는 한국 방송의 한 다큐에 출연하여 뜨거운 목소리로 "(한국의 학생들이여) 창업하라, 혁신하라."라고 주문

했다. 서연고/서성한/중경외시 서열 밖의 가천대지만 이 대학교는 창업에 진심이다. 서울대 자유전공학부 교수였다가 최근 가천대 부학장으로 옮긴 장대익 교수는 창업대학을 운영하고 학교는 창의 과정인 'Ntree'를 운영한다. 조만간 학교 서열이 바뀔 것 같다. 이처럼 미래 학교는 학교와 캠퍼스 담을 넘어야 한다. 몬드라곤, 미네르바 등 대안 대학, 유수의 MOOC(대규모 온라인 대학. 부록 12. 참조) 등 탈 캠퍼스 시도가 늘고 있다. 지방 대학교도 창업 특성화 쪽으로 움직여야 한다. 기후 테크 분야도 많이 창업하기를 바란다. 이제 학교는 '창업버스(창업verse)' 깃발을 높여야 한다. 창업은 단순히 일자리와 돈을 버는 게 아니다. 교육과 기회 그리고 창조자로 삶을 확장하는 것이다.

이런 창업 문화 진흥을 위해서는 유휴 공간이 많은 학교에 창고, 메이커 스페이스, 공유 주방 등을 두고 이를 지역 주민에게 개방하면 효과적일 것이다. 변화와 체험 공간을 학생과 주민들에게 열어놓는 것이다. 교사 본인들이 주도하려고 하지 말고 말들을 방목하기! 창업 문화와 기후 위기 해결의 연결 관련해서, 싸이월드 창업자였던 형용준(현재 카이스트 기술경영학부 교수)이 쓴『신자급자족주의』5장 '기후 위기 해결을 위한 산업 프로세스 리엔지니어링'에는 신자급자족사회를 위해 네 가지 방법을 추천하며 네트워크 조직, 소수 인원의 중요성을 강조한다.

"기후 위기는 어떻게 보면 개인 벤처 대기업에 또 다른 엄청난 사업 기회다. 이러한 기회를 활용하는 데 있어 신제품 개발 방법론들인 버추얼 트랜스포메이션/ 소셜 프로세스 리엔지니어링/ 창업 디자인 씽킹/ 블루오션 전략을 종합적으로 접근해 보면…(중략)…기후 기술을 주도하는 업체는 작은 벤처들이 주를 이룬다. 기후 기술 분야에 따라 학생이나 일반인이 진입하기 좋은 분야도 있고 공학적 기술이 필요한 분야도 있고 장인급 기술자나 연구원, 교수가 해야 하는 분야도 있지만 대부분 1~2명의 소수 인원으로 출발한다."

이들을 이제는 대학교에서 제공해야 하지 않을까?

두 번째 길은 대학교 분산이다. 이 제안은 한국 상위 대학교들이 대부분 사립이라 쉽지 않다. 그들 대학교는 일제 강점기에 나라를 살리겠다고 경성에 만들어졌다. 당시 경성엔 고등교육 학교가 없었다. 그들의 창학은 숭고했다. 그러나 이제는 변한 상황을 보라. 지금은 너무나 많은 자원이 서울과 경기 수도권에 집중되어 있다. 세계 도시로 보면 유례가 없을 정도의 고도 집중이다. 사람들 삶에 중요하고 많은 권한을 가진 공공 기관, 대기업 본사, 수십 개 종합대학교, 대형 종교단체, 대형 종합병원 등이 다 모여 있다. 그래서 전국에 사람들이 서울로 모여든다. 이 중에 공공 기관은 대전, 세종, 나주, 원주 등 지역으로 강제 이전이 이루어졌다. 그런데 그 지역의 변화는 실감이 나지 않는다. 여전히 백 투더 서울 분위기만 감지된다. 뭔가 빠져 있는 것이다. 그게 뭘까?

　　지방과 협업할 젊은 인적 자원과 지식의 분산 아닐까. 기업은 기본적으로 사유재이지만 대학교는 공공재에 가깝고 지역 사회에 파급효과가 크다. 공공재라고 한 이유는 학생 인력은 국가의 미래 자산이라 학생 선발부터 정부 통제를 받고 세제(학교는 등록금과 정부 보조금은 면세 대상이고 다만 부동산 임대 등 수입을 올릴 때는 과세 대상) 혜택, 보조금 등 지원을 받기 때문이다. 2022년 기준 전국에 2년제를 포함한 대학교가 336개다. 그중 경기도에 61개, 서울에 48개가 있다. 이렇게만 보면 인구 기준에 따라 고루 분포된 게 아닌가 싶지만, 대학교의 크기와 질을 따지면 이야기는 완전히 달라진다. 한국에서 흔히 인기 대학교라고 꼽는 서울대, 연세대, 고려대, 서강대, 성균관대, 한양대, 중앙대, 경희대, 외국어대, 서울시립대, 건국대 그리고 이화여대, 숙명여대가 다 서울에 있다. 공대 계통에 속하는 카이스트와 포항공대만 지방에 있다. 포항공대는 포스코가 지은 기업 대학이다. 이 두 대학은 평가순위는 높지만 과가 제한되어 있고 학생 수도 많지 않다. 서울에 있는 대학교는 대부분 종합대학교다. 이들 대학교 학생 수를 평균 1만 2,000명으로 보면 약 60만 명의 학생이 다닌다. 경기도로 확대하면 그 두 배다. 그들 대학교는 최소 수십만 평의 대지를 보유하며 학과 건물, 도서관, 체육관, 미술관, 식물원과 편의시설, 기숙사, 컨벤션센터 그리고 병원도 갖추고 있고 학교 주변엔 이른바 상권과 학생 거주지역도 형성한다. 대학교 하나가 거의 작은 도시를 형성한다. 이런 도시형 대학이 서울에만 밀집해 있는 것이다. 공공기관 한두 개가 특정 도시에 가는 것보다 이런 종합대학교 하나가 지방으로 옮겨 여러모로 거점 역할을 하는 것이 지방 시대의 진정한 서막일 것이다. 물론 이 대학교들이 대부분 일제 강점기에 선교사가 만들거나 혹은 애국 교육을 목표로 만든 전통들이 있어 이전은 쉽지 않다. 거기다가 서울을 떠나면 당장 우수 학생 모집도 어렵고 순위 경쟁에서도 밀리게 되며 또한 서울을 동경하는 재학생들의 반발도 만만치 않을 것이다. 몇 년 전에 서울대 공대를 시흥으로 옮기려던 시도가 학생들에 의해 무산된 것이 그런 사례다. 그러나 그런 어려움이 있더라도 현재 서울 집중은 문제가 많다. 학교 간 순위 경쟁, 차별화도 안 되는 대학교들, 지역과 연계도 안 되고 각종 교통 혼잡과 시간 소요 등의 문제가 있다. 문제가 많은데 반발이 무서워 행동하지 않는다면 그건 혁신적 대학교의 자세가 아니다. 미국 사례만 보면 고등학생들은 졸업하면 미국 전역으로 흩어져 독립을 시작한다. 그게 당연한 삶이다. 한국은 그런데 대학생이 되어도 부모가 품에 가두려 한다.

참고로 미국, 중국, 일본, 독일, 프랑스, 영국 등 세계 6개국의 대학교와 지역 위치 상황을 보자. 대학은 상식적으로 상위 10개 대학이라고 하는 대학교와 지역만 예시한다. 기준이 다르면 이 순위는 달라지기도 하지만, 이 순위는 QS, 중국의 고등교육 전문평가기관인 ARWU가 발표한 2025년 중국 대학 순위, 세계대학탐구, Times Higher Education(2025), 상하이 랭킹 컨설팅사 등 자료를 인용한 것이다. 여기서 순위는 사실 중요하지 않다. 조사 연도나 기준에 따라서 일부 변동이 있다. 예시한 미국이나 중국은 사실 대륙에 가까운 국가고 주나 성이 한 국가보다 커서 다른 국가들과 상황이 좀 다를 수는 있지만 참고 삼아 포함했다. 더구나 미국은 이들 10개 대학교 외에도 노벨상 수상 경제학자가 많은 시카고 대학 등 많은 대학이 세계 100개 대학에 포진해 있고 지역 거점 노릇을 한다. (아래 내용 중 대학교 이름에 지명이 표기된 경우는 지명을 병기하지 않음. 굵은 체는 수도가 아닌 곳에 위치한 대학교. 나라 이름 옆 괄호는 비수도권 대학교 숫자)

표를 보면 이들 나라 대학교는 분산되어 있다. 미국은 수도인 워싱턴에는 하나도 없다. 뉴욕이 제1 도시인 걸 고려하더라도 뉴욕(주)엔 3개밖에 없다. 이들 6개 나라 대학교는 각각 특성 있는 대학으로 다양한 지역(주/도/성)에 분포되어 그 지역의 지적 문화와 에너지 거점 노릇을 톡톡히 수행한다. 옥스퍼드, 브리스톨, 캠

세계 주요 국가별 상위 10개 대학과 지역

미국(10)	중국(8)	영국(6)	독일(7)	프랑스(5)	일본(6)
하버드-메사추세츠	칭화대-북경	캠브리지대	뮌헨공과대	파리-삭클레이대	도쿄대
스탠퍼드-CA	북경대-북경	옥스퍼드대	뮌헨루트비히 막시밀리안대	파리과학인문대	교토대
MIT-메사추세츠	절강대-항주	임페리얼칼리지	하이델베르크대	소르본	도쿄공업대
예일-코네티컷	상해교통대	유니버시티칼리지-런던	베를린 훔볼트대	파리 시테대	오사카대
캘리포니아 버클리	복단대-상해	에든버러대	본	스트라스부르대	도호쿠대-센다이
컬럼비아-뉴욕주	난징대-소주	맨체스터대	아헨공대	엑스-마르세유대	나고야대
펜실베니아대	중국과학기술대-하북	킹스칼리지-런던	베를린 사라테 의과대	그로노블 알프대	홋카이도대-삿포로
프린스턴-뉴저지	우한대학교	런던정치경제대	튀빙겐대	몽펠리에대	규슈대-후쿠오카
라이스대-뉴욕주	화중과기대-우한	브리스톨대	베를린자유대	리옹1대학	와세다대-도쿄
코넬대-뉴욕주	서안교통대-서안	워릭대-코번트리	괴팅겐대	파리공과대	게이오기주쿠-도쿄

∴ 파리대학교(Université de Paris. Université는 국립대학을 지칭): 프랑스 파리에 소재했던 종합대학. 가장 유명한 콜레주의 이름을 따 '소르본' 별칭으로도 불림. 1970년에 68운동으로 해체되어 현재는 13개 대학으로 분리 운영하며 각 대학은 학문 장르가 다양하다. 파리 1-3 대학이 특히 유명.

브리지 등은 도시 명인데 우리가 기억하는 것은 대학교 이름이다. 전통의 명문대가 많은 이탈리아도 로마, 밀라노, 볼로냐, 파두아, 플로렌스, 투린, 나폴리, 베네치아 등에 흩어져 있다. 여기서 유명 학자들이 다수 배출되었다. 나라는 엉망이어도 이탈리아 지역 도시들은 여전히 활성화된 이유 중 하나다.

대학교는 한 곳에 있어도 대학 간 시너지 효과가 없다. 서열 경쟁만 일어난다. 대부분 면세 법인이어서 지역 세수에도 직접적 도움은 안 된다. 대신 학생과 교수들이 뿜어내는 에너지, 국제적 컨벤션 효과, 젊은 상권과 실험 문화 등에서 지역을 살리는 역할을 한다. 미국의 경우 IT 대기업들이 좋은 인재를 찾으려고 유명 대학교가 있는 곳으로 본사를 이전하는 경우는 비일비재하다.

한국은 명문대의 경우 지방에 분교를 설립해 운영하는데 한양대 에리카 캠퍼스 정도만 빼면 사실 입학생 수능점수부터 학문 기여도, 지역 기여도 등을 따지면 대학교 분산으로서 효과는 평가가 박할 수밖에 없다. 차로 1시간 정도 거리에 있는 대학교는 학생들이 수업이 끝나면 셔틀로 귀환하는 경우가 많다. 오히려 교통 혼잡과 탄소 배출, 위화감만 부른다.

대학교는 많은 면적을 차지한다. 거의 작은 도시이기 때문이다. 서울 소재 대학교가 금싸라기 땅 서울에서 차지한 면적은 얼마일까? (아래는 본교 면적이다. 2020년 기준-일부는 2016년-이며 자료 제공에 따라 일부 편차가 있다)

1. 서울대학교- 4,317,000㎡, 관악구 신림동, 종로구- 1.6만 명

2. 연세대학교- 850,000m², 서대문구 신촌동- 1.9만 명

3. 고려대학교- 845,000m², 성북구 안암동- 2.0만 명

4. 이화여자대학교- 555,000m², 서대문구 대현동- 1.6만 명

5. 서울과학기술대학교- 505,000m², 노원구 공릉동- 1.02만 명

6. 건국대학교- 456,000m², 광진구 화양동- 1.57만 명

7. 서울시립대학교- 426,799㎡, 동대문구 전농동-9.02천 명

8. 경희대학교- 407, 000m², 동대문구 회기동-2.58만 명

9. 한양대학교- 402,000m² 성동구 사근동- 약 1.57만 명

10. 삼육대학교- 320,000m², 노원구 공릉동- 약 7.26천 명

11. 서울여자대학교- 225,000m², 노원구 공릉동- 7.62천 명

12. 서강대학교- 210,000m², 소재 : 마포구 신수동- 8.27천 명

13. 국민대학교- 192,000m², 성북구 정릉동- 1.51만 명

14. 덕성여자대학교- 188,000m², 도봉구 쌍문동- 5.88천 명

15. 중앙대학교- 182,960㎡, 동작구 흑석동- 2.39만 명

이 면적을 모두 합하면 대략 1,008만m²(305만 평)로 여의도 면적(윤중로 제방 안쪽 기준) 290만㎡의 3.5배, 서울시 면적의 1.7%에 달한다. 이를 만일 실제 대학 개수인 48개에 경기도 대학교 61개로 확대하면 숫자는 훨씬 커질 것이다. 위에 학생 수를 합하면 21만 명에 달하는데, 여기에 석박사, 교직원과 외래교수 등을 합하면 인구는 30% 정도 더 늘어나며 이와 관련해 사업을 하는 대학교 인근 상인과 숙박업 인구 등을 합하면 (한국의 군 단위 평균 3만 명 인구 기준으로) 10개 군 정도의 인구가 된다.

이들 상위 대학교 전체가 자발적으로 지방 이전 가능성은 거의 없다. 대신 미래를 위하고 대학교 차별화와 지방 시대 지역 연계 효과를 고려한다면 10개 대학교 중 경상 인문 사회/예술 체능/

공대 자연대/의-약대 병원(이들은 학제 간 서로 연결이 별로 없다) 네 개로 나눠서- 파리 대학교처럼- 여러 개 대학으로 분산한 후 이를 남한의 중앙 지역 중소 도시(국립대학이 없고 시 단위 도시)로 이전시킨다면 어떨까? 당장에 힘들다면 먼저 그 지역에 연구소, 체험관과 스페셜(한 달 지방 체험) 기숙사, 컨벤션 홀, 창업 지원 센터, 워케이션, 메이커 공간 등만 먼저 설립 운영하다가 점진적인 이전을 거치는 것도 방법이다. 메타버스 대학교를 운영할 수도 있다. 대학교는 기본적으로 세계의 유수 대학교 학생과 교수들과 연계되어 있어서 그들을 불러 체류시키면 한국 도시 홍보에도 좋다. 내가 있을 때 서울혁신파크에 있던 한 대안 교육 단체가 몬드라곤 학생 40명을 초대해 1개월간 체류시키면서 학생들은 파크를 체험하고 서울을 돌면서 토론하고 연구했던 기억이 난다. 물론 지자체는 대학교에 그만한 유인 혜택을 주어야 할 것이다. 이전으로 인해 생기는 서울의 빈 캠퍼스 공간은 창업 지원 공간, 지역 사회 활용 공간으로 용도를 변경하면 대학교는 재탄생한다.

마지막으로 한국 교육에 바라는 것은, 초등학교부터 대학교까지 학교 과정이 좀 느슨했으면 좋겠다는 점이다. 느슨해야 생각할 시간이 생기고 그래야 창의성이 나온다. 한국 학생들은 유치원부터 대학교 심지어 석사 박사까지 너무 오래 그리고 쓸데없는 걸 많이 공부한다. 그래서 영어 속담처럼 "Garbage in, garbage out."과한가?

　가두리 교육 방식인 캠퍼스 중심주의도 벗어날 필요가 있다. 앞으로 AI, 버추얼 트랜스포메이션(오프라인에서 온라인으로 전환 혹은 그 반대 전환) 등이 본격적으로 적용되면 교사/교수들에게는 캠퍼스를 벗어난 방목형 교육 방식이 자연스럽게 대안으로 떠오를 것이다. 학교에 가는 대신 다른 곳에 가는 것이다. 일본의 자연(기후) 체험 캠프나 덴마크 애프터-스콜레, 스페인의 몬드리안 대학교나 한국의 간디학교처럼 캠퍼스를 떠나 자기를 성찰하면서 저한테 맞는 인생을 찾도록 느슨하게 공부하게 하자. 붕어빵 인재 대신 붕어를 하천에서 키우자! 오디세이처럼 스스로 체험하며 자유롭게 세상을 내재화하는 것이다. 그런 경험을 학점으로 인정해 줘도 좋겠다. 초등학교부터 대학교까지 6+3+3+4년 과정에서 3년 빼 준다고 문제 되나. 이미 유치원과 가정, 학원에서 그 이상을 하는데? 아니면 그냥 2년 먼저 과정을 마쳐서 세상에 나가도록 과정을 단축하든지. 우리는 언제까지 저 미래 아이들을 16년이나 학교에 잡아놓을 건가? 서울대 10개가 아니라 이 문제를 놓고 3년 국민 숙의를 하자.

　이상 짚은 세 개의 길 과정엔 다음 같은 기후 과정이 필수로 포함되면 탄소 중립을 더 가속화할 수 있을 것이다.

＊기후 교육 정규 교과화(초중고 학교 교육과정에 기후 교육 편성)

＊세대별 맞춤 교육과 공무원 기후 교육 의무화

＊지자체별 1개 이상 시민 기후대학 운영

2023년 서울대 입학식에서 이정동 공과대학 교수가 "교과서를 내려놓읍시다."란 취지로 축사했는데 교과서 이전에 더 근본적인 교과 과정부터 내려놓아야 한다. 교육부 그리고 한국의 17개 교육청 교육감과 300여 개 대학교 총장은 말하자면 하멜른의 피리 부는 사나이라 할 수 있다. 알고 보면 무서운 이들이다. 그들이 아이들을 어제와는 다른 멋진 곳으로 데려가기를!

10. 재택근무 제도화

이번 장부터 몇 장 내용은 현재 기업이 주도하고 있다. 그러나 이는 근본적으로 공무원을 포함해 오피스를 다니는 직장인에 대한 혁신적 변화다. 지자체와 연계하면 더 효과적일 수 있어서 제안한다. 먼저 재택근무 이야기부터 하자.

2025년 추석 때 형 집에서 설전이 벌어졌다. H 대기업에 개발자인 내 아들이 그간 월 8일씩 재택근무(Work From Home)를 했는데 일부 직원의 부정 사용으로 11월부터 재택근무가 중지된다고 아쉬워하자 벌어진 설전이었다. 나는 재택근무 확산을 주장했고, 중견기업과 벤처에 다니는 조카들은 그에 동조하는 편이었다. 1980년대에 체신부에 공무원 입사해 KT 전환 후 거기서 은퇴한 형은 재택근무가 문제가 많다고 주장하는 쪽이었다. 이 시점에서는 둘 다 맞기도 하고 미래에는 아마도 단견들이었을 설전, 이게 현재 가정에서 재택근무를 받아들이는 풍경 그대로일 것이다.

실상은?

2022년, 네이버와 카카오는 코로나19와 메타버스 등 이유로 근무 방식 변화를 시작했다. 원격근무(telecommuting. 원격 근무자를 home worker라고도 한다. 최근에는 IT 환경 발전에 따라 확대된 개념인 U-워크라고도 부름)의 일종인 재택근무 시행이 그것이다. 당시 네이버 직원들 의견은 주 5일 재택 찬성 33%, 주 3일 출근 찬성이 66%라고 했다. 한국 산업화 70년 중 직장인 근무 방식 중 가장 주목할 변화다. 네이버 직원은 4,700명, 카카오는 ㈜카카오만 3,600명이다. 수많은 협력사까지 고려하면 사회 변화를 부를 만한 숫자다. 야놀자도 재택근무를 조건으로 인재들을 채용한다고 했다. 현대오토에버는 2025년 현재 기준으로 월 8일간 재택근무를 한다. 최근 MZ세대 인재들이 연봉보다 근무 조건과 ESG 실천 여부 등을 중요한 기준으로 삼는 추세를 고려할 때 다른 대기업들도 이런 근무 방식을 따를 듯하다. 검색을 해 보면 많은 관련 블로그 글들이 올라와 있는데 이는 이 재택근무에 대한 얼리 어답터들의 높은 관심을 반영한다.

프롭테크(부동산을 뜻하는 Property와 Tech의 합성어) 회사라고도 불리는 온라인 부동산 회사 직방은 2021년 재택근무 100%를 실현했고, 출근은 '메타폴리스'라는 가상 빌딩으로 한다. 화상 설루션과 팀즈 같은 협업 툴이 상당히 발달한 상태에서 굳이 직장인을 사무실에 묶어둘 이유는 없다고 본 것이다. 2025년 현재는 재택근무-'메타폴리스'라는 가상공간 체제에서 아예 '소마(SOMA. 올더스 헉슬리의 『멋진 신세계』에서는 행복감을 느끼게 하는 약의 이름)'라는 메타버스 기반 가상 오피스 플랫폼을 운영하며 이를 활용해 유료 입주 사업을 벌이고(현재 20개사 입주, 매일 수천 명이 접속해 근무 중) 미국에는 법인도 냈다. 12개 다국어와 멀티기기 지원, 커스터마이즈 가능한 가상 사옥과 컨벤션 센터, 그리고 좌석당 구독 모델(좌석당 월 15~27달러)을 갖춘 B2B 서비스를 제공한다. 출퇴근에 걸리는 시간 없이 30초면 오피스에 아바타로 입장할 수 있다. 차별점은 '지속되는 존재감'! 회의가 끝나도 동료와의 연결이 단절되지 않고 즉흥적인 만남이 가능한 가상 오피스이기 때문이다. 약점으로 지적되는 소외감, 팀워크 등을 막기 위한 설루션도 적용 중이다.

그런데 한국에서 가장 큰 조직인 공무원은 이 재택근무를 어떻게 하는지?

반론들

그럼, 재택근무에 대해서 직원 반응은 어떨까?

네이버가 본격적으로 재택근무를 하기 두 달 전인 2022년 5월에 모 직원은 1. 업무 집중도가 떨어짐 2. 팀 내 스몰토크로 공유되던 업무 노하우, 조직 분위기/소문, 업계 소식 등이 약화됨 3. 소속감 약화로 외로움 4. 근무지와 집이 구별되지 않는 데서 오는 오히려 번아웃 현상 등을 걱정하는 글을 올렸다고 한다. 충분히 있을 수 있는 반론이다. 그런데 3번 우려는 좀 관성적이다. 외로움의 진정한 정체는 무엇일까? 출퇴근으로 인해 자신이 사는 동네에서 존재도 없는 외로운 신세가 되고, 긴 출퇴근으로 번아웃이 오는 거 아닌가. 2번 회사 소문, 정보 등은 본인이 원하면 톡이나 선택적 오프라인 모임으로 얼마든지 얻을 수 있고, 1번 업무 집중도도 아직 익숙하지 않은 재택근무 문화에서 온 탓이 크다. 주로 경영자들이 이런 우려를 많이 하는데 '디지털리터러시협회' 박일준 대표는 경영자층 우려에 대해서 "재택근무는 생산성 차원에서만 접근할 문제가 아니다. 팀워크나 소속감, 정체성은 주 또는 격주 1회 팀워크를 위한 출근 등으로 보충하면 된다."라고 말한다. 경영층은 정주지를 떠나 인재 채용을 할 범위가 넓어지며 젊은 세대 직원 욕구도 살펴봐야 한다.

좋아지는 것들

재택근무를 하면 나와 사회가 좋아질 기후 이점이 꽤 있다.

* 출퇴근 교통 혼잡과 탄소량도 줄어든다.

* 직장인은 사무실에서 전기와 커피, 종이 등을 많이 쓴다. 재택근무를 하면 확실히 이들을 줄이게 된다.

* 긴 출퇴근에서 오는 직장인의 번아웃이 줄어든다.

* 사무실 내 대면 갈등에서 오는 스트레스가 줄어든다.

* 아빠, 엄마의 7 to 8 시간표에 따라 무너졌던 가정이 크게 회복된다.

* 집 활용도가 올라간다. ('집의 귀환'에 대해서는 다음 장에 기술)

* (로컬) 문화생활이 가능해진다. 동네 쇼핑이 가능해져 동네 상권과 공동체가 더 살아난다.

* 차, 옷, 헤어, 신발 등 자기 관리형 소비가 줄어든다.

* 자기 시간 주도성이 늘어난다.

* 기업은 지대가 더 낮은 교외나 중소 도시로 이주해 비용을 줄일 수 있다. 고로 서울 외곽 도시, 중소 도시가 활성화된다.

* 일 년에 한두 달 정도 워케이션 근무가 가능해진다.

* 출산과 육아가 수월해진다.

* AI 시대 적응성이 유연해진다.

다음 정책으로 이를 지원할 수 있다.
* 2~3일/주 재택근무 의무화(특히 공공기관 재택근무 확대)
* 출퇴근 탄소 배출 감축(재택근무 도입 시 법인세 감면 등)
* 워라밸 개선(중소/중견기업 디지털 인프라 구축 지원)

2020년 하반기, 90명 직원 단체의 대표를 하던 시절에 코로나 19를 맞아 나도 서울시 정책에 따라 재택근무를 시행했었다. 그런데 재택근무를 좋아하지 않는 직원들이 있었다. 미혼인 경우 "직장에 나가지 않으면 부모가 눈치를 줘요.", 육아 부부들은 "집에서 육아와 근무가 혼재되어 이중으로 힘들다고요.” 등의 이유 때문이었다. 팀장들은 “팀워크가 약해진다.”라며 우려도 했다. 그때 보완으로 생각한 것이 지역 공용 오피스였다. ‘걸어서 15분 이내 거리에 저가의 공공 공용 오피스가 생기면 재택근무를 꺼리는 위에 두 가지 이유는 해소되지 않을까?’하고 생각한 것이다. (야놀자 같은 경우는 이런 오피스를 거점 오피스라고 부르는데 기업이 단독으로 제공한다.) 이 오피스는 지역 문화회관, 체육관, 수련관, 교회나 빈 창고, 스터디 카페 등도 가능하다. 실제로 직방 직원들은 집보다는 카페 등을 애용하는 듯하다. 비용은 공공, 기업, 개인 3자가 분담한다. 서울 주변 수도권에 3만 개 룸을 만들면 어느 정도 수요를 채울 것이다. 자택 근무자들과 전국 워케이션 근무자도 있을 것이다. 도로에 하루 수만 대 차가 줄어들고 저녁이 있는 삶, 로컬 라이프가 가능해질 것도 같다. 낭만적인 구상일까?

코로나19가 종료되면서 이런 변화에 반동하는 곳도 몇 군데 나오고 있다. 이 시점 기사에 따르면 넥슨, 엔씨소프트, 넷마블 등 게임업계는 재택근무를 축소하거나 전면 폐지했다. SK텔레콤도 재택근무 횟수를 주 1회로 제한했고, 카카오는 이달부터 사무실 출근을 우선으로 하는 ‘오피스 퍼스트’ 근무제로 바뀌었다. 사무실 복귀는 경기 불황과 생산성 저하를 이겨내기 위한 선택이라는 것이다. 반면 직원들은 “재택근무와 사무실 근무의 효율 차이가 입증된 바 없다."라고 지적한다. 네이버는 주 5일 내내 사무실에 출근하지 않는 원격근무와 주 3일 이상 사무실에 출근하는 오피스 근무 방식 중 한 가지를 6개월마다 선택할 수 있도록 제도를 개선했다. 일부 스타트업들도 재택근무를 채용 조건으로 홍보하고 있다. 현재는 우리 사회가 실험 중인 것이다. 생산직이나 영업직 직장인들은 업무 성격상 현재 재택근무가 어렵다. 영업직은 관점을 달리하면 점차 가능할 것도 같다. 1990년대에 신문사가 취재 기자들 사무실 개인 자리를 없애고 많은 반발이 있었다. 지금은 그게 기자들 일하는 방식의 노멀(normal)이 되었다. 영업 결과 보고나 회의는 화상으로, 잔디나 콜라비 워크플레이스 같은 협업 툴로 얼마든지 가능하다. 생산직도 공장에 AI와 로봇 비중이 커지면서 원격 조종이 가능한 시대가 되면 점차 순환 재택근무나 집에서 가까운 원격 조종 스튜디오에서 일할 날이 올 것이다. 쉬지 않고 빨리 일하는 AI가 보급되면 상근이냐, 재택근무냐 따질 계제가 아니다.

도시민이 된 우리가 거의 30년을 매여 사는 공간이 오피스(Office)다. 공무원들도 물론 이 오피스로 출근한다. 박스형, 서열, 지시와 복종, 기계적 출퇴근 등이 떠오르는 오피스는 원래 교회와 관련이 있는 용어였다. 라틴어 'officium'에서 파생된 것으로 '봉사, 친절, 의무적인 서비스, 공식적인 임무, 의식적인 준수'를 의미했고 중세 라틴어에서는 주로 '교회 서비스'를 가리켰다고 한다. '업무를 수행하는 건물이나 방' 의미는 14세기 후반부터 나타났으며, 정부나 시민 부서라는 의미는 15세기 중반부터 사용되었고, 1727년부터는 '비밀'의 의미로도 쓰였다. 총 홍행 수입을 뜻하는 박스오피스는 18세기 영국 극장에서 티켓 판매대금을 나무 상자에 보관하던 관행에서 유래했다. 이런 어원답게 사실 오피스는 '(주인에) 신성한', '공식이 지배하는', '닫힌' 등의 파생적 뜻으로도 쓰인다.

저녁이 있는 삶

가정의 핵심은 식구가 하루 일을 마치고 편안하게 저녁을 같이 먹는 삶이다. 서부극이나 유럽 영화를 보면 저녁에 가족이 모여 앉아 기도를 드리며 소중한 양식을 먹는 장면! 먼 거리를 출퇴근하는 현대 체제로 오면서 이 저녁이 있는 가정이 증발해 버렸다. 저녁이라는 한글은 어원이 불분명한 단어다. 아침, 점심은 어원이 분명하고 오래된 말인데 저녁은 17세기 문헌에 처음 나타난다. ❖'졈글녁'이나 '져믈녁'이 줄어든 것, ❖'뎌녁(彼坊)' 등 설이 있으나 분명치 않다. 영어로 저녁 식사를 뜻하는 dinner는 '단식을 깨고 맞이하는 하루의 큰 식사'를 뜻하며 원래는 오전 10시경부터 정오 사이에 하는 식사였다고 한다. 우리 저녁이 주는 의미와는 좀 다르다. 우리 저녁은 꼭 밥만을 의미하지는 않는다. 참 희한하다. 사람들 안부 인사에 "아침은 먹고 다녀?"는 은연중 하루의 시작을 중시하는 인사인데 사실 중요한 것은 무장 해제를 하고 하루를 마감하는 시간 아닐까? 공적 삶을 마치고 집으로, 가정으로 돌아오는 소중한 귀환의 시간. 그걸 우리는 잊고 있었다. 그래서 직장인 행복도가 거의 바닥 수준이 되었다.

내가 기억하는 대선 공약 중에 2012년에 손학규 후보가 제시했던 "저녁이 있는 삶"이 있다. 직장인이었던 나는 그 말을 듣고 가슴이 울컥했다. 그는 한국이 빠져든 미국의 길 대신에 '유럽의 길'을 제시했고 구체적 방법으로 공동체주의, 민생 경제를 주장했다. 이제라도 2,700만 직장인의 오피스부터 저녁이 있는 삶으로 전환하기를 희망한다. 나도 20여 년을 오피스에서 살았다.

다음은 박 과장이라는 가상 직장인의 오피스 라이프다.

35세 박 과장은 남양주에서 매일 지하철을 갈아타며 1시간 이상 걸려 오전 8시 반까지 삼성동으로 출근한다. 직장에는 동탄, 김포, 인천에서 출근하는 직원들도 있다. 박 과장의 오피스 라이프는 일단 뉴스 좀 검색하고 부서 회의, 서류 검토하면 오전은 언제 갔는지 모르게 끝난다. 12시 20분쯤 전에 서너 명 직원과 사무실을 나서서 10분 정도 걸어 점심을 먹는다. 주문에서 식사까지 20분 정도. 식사 비용이 1년 전보다 꽤 올랐다. 커피를 마시며 "〈케이팝 데몬 헌터스〉 봤어요? 대박.", "헬스장 싼 데 없어?", "스마트워크가 저 정도면 2년 내 우리 자리 없어지겠어." 등 잡담하다가 12시 55분쯤에 사무실로 들어온다. 틱톡, 릴스 피드를 보다가 인스타 눈팅을 한다. AI 비서가 오늘 할 일을 알려준다. 오후 1시 20분. 부장이 들어왔다. 일 시작. 뒤늦게 졸음 신이 눈을 누른다. 졸음을 깨러 옥상에 올라가 담배를 물고는 AI 에이젠트에 토큰 증권 동향 파악을 시킨다. 그리고 회의, 또 회의… 그렇게 버티면 오후 6시. 이젠 퇴근 전쟁. 박 과장은 네 살배기 딸이 있다. 아내는 요가 학원 강사라 오후 6시에 나간다. 아이는 8시 아빠가 올 때까지 혼자다.

가상 프로파일이지만 사실 먼 얘기가 아니다. 의왕에 사는 내 두 조카도 이에 해당한다. 조카들은 결혼하고 아이를 낳더니 갑자기 과거 청년 때의 그 넉넉함은 사라지고 얼굴에 조급함, 빡빡함의 표정이 점점 늘어갔다. 교외 사는 직장인에게 저녁 삶은 없고 전쟁만 있다. 일부 직장은 저녁을 돌려주려고 유연근무제나 주 4

일제도 하고 재택근무도 늘리지만, 대개는 아직 먼 이야기다. 이런 오피스 생활엔 ❖긴 노동 시간 ❖9 TO 6에 따른 출퇴근, 교통 혼잡과 먼 거리 이동 피로 ❖전쟁 같은 점심시간 ❖직장 내 갈등 등이 숨어 있다. 그런데도 한국 직장인 노동 생산성은 OECD 국가들 평균에 미치지 못한다.

점심시간 & 상근, 바꿀 수 없을까

1990년대 중반 이건희 회장 시절 삼성이 7/4제를 추진했다. 7시 출근, 4시 퇴근. 얼리버드가 되어 교통 혼잡도 피하고 4시 퇴근해서 자기 계발을 하라는 의도였다. 우리 사회가 전부 이 실험을 주목했다. 그러나 이 실험은 시간 개념만 바꾸고 공간 개념은 바꾸지 않은 반쪽짜리 실험이었다. 나도 그 실험 대상자였다. 뜻은 좋았으나 막상 해 보면 정상 생활이 안 된다. 시간대가 안 맞아 친구 관계도 다 끊어지고 거래처와 일도 되지 않는다. 이는 실질적으로 7/7제가 되어버렸다. 직원들이 점점 지치기 시작했다. 결국 1년 만에 접었다. 지금까지 각 기업은 이처럼 다양한 근무 방식을 실험했다. 목적은 생산성을 늘리고 직원 복지를 높이고 좋은 인재를 유치하기 위해서다. 여전히 다 문제는 있고 저항도 있다. 그러나 기술 변화와 세대교체로 인한 라이프스타일 변화를 고려하면 더 변화할 수 있다. 나는 그중에서 두 가지 관행만 변화 포인트를 짚어 보련다.

1. **점심시간:** 직장에서 점심 문제는 방 안의 코끼리 같은 것이다. 문제는 알지만 누구도 말하기 꺼리는 문제! 나는 30대 후반 나이 부장부터 50대에 서울혁신센터 대표를 할 때까지 27년 동안 점심이 늘 부담이었다. 직원 때는 상사와의 점심 그리고 식사 후 식곤증으로 늘어지는 신체 리듬이 부담이었고 부장이 되니 직원들과 점심 먹으러 가는 게 눈치가 보이고 그렇다고 매일 외부와 약속 잡는 것도 부담이었다. 대표가 되어서는 혼자 먹을 때가 더 많았다. 나만 그랬을까? KT&G 부장 시절 어느 날 전무님 비서 전화를 받았다. "부장님, 전무님이 혼자서 컵라면이나 김밥으로 때운 날이 벌써 한 달이에요. 제발 점심 좀 같이 해 주세요. 국장님들 너무해요."

다양한 근무 방식 변화가 시도되었지만 하나같이 그대로 둔 것이 바로 이 점심시간 존속이다. 근로기준법 제54조 '사용자는 근로 시간이 4시간 이상 경우에는 30분 이상, 8시간인 경우에는 1시간 이상의 휴식 시간을 주어야 한다.'라는 조항으로 만들어진 것이 점심시간이라 이 시간만큼은 건드릴 수 없었다. 위반하면 2년 이하 징역이나 2,000만 원 이하 벌금이다. 이 조항은 꽤 오래전에 나온 것인데 그동안 아래 같은 변수가 생겼다.

🍀 MZ세대 라이프스타일과 욕구 변화

＊도시가 확장하면서 1시간 이상 원거리 통근으로 출퇴근은 더 지옥이다.

＊기업 책임 중에 직장인들의 출산·육아 보장, 워라밸 등이 추가되었다.

＊젊은 세대들이 연봉과 승진보다는 유연근무제 등 복지로 직장을 선택
하는 비중이 늘었다.

＊노동자 중에 여성 비중이 많이 늘었다. 여성들은 남성들과 라이프스타
일이 다르다.

＊점심시간과 퇴근이 필요 없는 AI에 의해, 현재 노동자가 대체될 빌미
를 사용자에게 줄 수 있다.

근로기준법은 사용자와 노동자의 합의가 중요한데 점심시간을 두 방식(two track)으로 운영한다면 어떨까? A 타입은 기존 방식대로 점심을 먹고 6시 퇴근. B 타입은 간단한 간식을 먹으면서 일하고 5시에 퇴근. 이런 점심을 릴랙스 타임(20분 정도)이라 불러 보자. 5시 퇴근과 6시 퇴근은 1시간 차이가 아니다. 집에 가서 가족과 6시 반에 저녁을 먹을 수 있느냐, 없느냐 차이이다. 어두워지기 전이라 술 생각도 나지 않는다. 미국은 돌리 파튼, 시나 이스턴, 잭슨 런디 등이 부른 '9 to 5' 노래처럼 5시까지 일한다. 다음은

미국 여성들 취업이 늘던 1980년에 영화 주제가로 인기를 얻은 돌리 파튼의 '9 to 5' 가사 일부다.

♬침대에서 굴러떨어져

비틀거리며 부엌으로 가

야망 한 컵을 붓지

하품하고 스트레칭하고 정신을 차리려고 애써

얼른 샤워하고

피가 돌기 시작해

거리엔 차들이 점핑해

(중략)

살아가기 위해

간신히 견디지

다 가져가고 주는 건 없어(It's all takin' and no givin')

5시 퇴근이고 가사를 보면 아직 원거리 통근자 시대 이전임에도 영화 속 주인공은 점핑, 점핑 버거워한다. 미국 사회는 생산성을 중시하고, 한국은 근태를 중시한다. 그런데 근태의 핵심은 출근 시간이다. 퇴근 시간, 업무의 질은 따지지 않는다. 나는 제일기획 시절 출근 시간이 엉망이었는데 "성과는 용서해도 근태는 용서하지 못한다."라는 인사팀장 경고를 직접 들었다. 사장은 성과가 중요하다고 하는데 인사팀장은 근태 우선? 둘 다 하라는 얘긴데 나는 당시 팀장 이상 중역들이 낮에 공공연히 사우나에 가서 한두 시간 쉬다 오는 관행을 알고 있었다. 그게 뭐람?

한국 기업이 근태를 중요하게 여기는 것은 OKR(Object & Key Result. 목표에 따른 주요 성과 측정)이 분명하지 않고 관리자가 과업 성과에 따른 인사 평가를 제대로 하지 않는 증거다. 고정관념 하마들의 반론은 다음과 같을 것이다.

"기계도 아닌데 점심을 안 먹고 어떻게 8시간을 연속해서 일해?"

"점심때 동료들하고 친밀한 토크가 이루어지는데 그걸 없애면 너무 삭막하잖아?"

"사무실 인근 상권이 무너질걸."

"중국 화웨이는 여전히 월화수목금금금+심심심(야) AI처럼 근무한다고. 뭐, 워라밸? 네가 사장이 되어 봐."

이에 대한 답은 여러분이 하시라!

2. **상근 문화**: 새로운 경제가 대두 중이다. 하나는, '긱 이코노미(gig economy)' 확산이다. 긱은 1920년대, 미국에서 각 바를 전전하며 공연하던 연주자를 부르던 이름에서 유래했다. IT 쪽 괴

짜를 뜻하는 'geek'과는 구별된다. 기업은 사람은 필요한 데 쓸 만한 사람은 없거나 너무 비싸고, 개인은 돈은 벌어야 하는데 상근은 싫은 젊은이들이나 전문직이 늘어난 것이다. 그래서 기업은 정규직 채용 대신 임시직인 '긱 워커'를 쓰려고 한다. 긱 워커는 자발적이며 전문가로 한 회사에 구속되기를 꺼린다는 측면에서 정규직을 원하는 비정규직 근로자와 차이가 있다. 디자인, 개발, 번역, 컨설팅, 강사, 프리랜서, 세무·회계사 등 주로 고학력에 전문직 영역이다. 미국 노동통계청에 따르면 긱 워커 비중은 36%를 넘었고, 2027년에는 절반에 이를 것으로 전망한다. 한국도 고용노동부 2023년 실태 조사에 따르면 카카오T, 배민, 크몽, 숨고 등 디지털 플랫폼을 통해 인적용역을 제공하는 플랫폼 종사자는 최소 88만에서 최대 303만 명에 달한다. 전국 15~69세 노동자 100명 중 11.4명이 플랫폼을 통해 일하고 있다는 뜻이다. 〈지디넷〉 기사(2025. 4. 10.)[1]에 따르면, 긱 이코노미는 초기에는 배달, 운전, 가사 등 지역 기반 단순직에 집중됐지만, 2022년부터는 번역, 디자인, IT 개발 등 웹 기반 고숙련 직무가 급증했다. 최근에는 법률·세무·회계 등 전문 직종까지 확

---

[1]   https://zdnet.co.kr/view/?no=20250410085150&utm_source=chatgpt.com

장됐다.

플랫폼 종사자도 늘고 있는데 최근에는 20대와 60대, 여성, 석사 이상자의 유입도 증가 추세다. 나도 현재는 일종의 긱 워커다. 이들을 기업에서 풀(POOL)로 만들어 운영하면 비용(월급, 복지, 사무실, 승진 부담 등)을 줄이면서 워커들의 업무 이해도, 적시 적소에 쓸 수 있는 업무 안정성도 올라간다. 다양한 전문가를 인재 풀로 끌어들이고 그들의 퍼포먼스로 내부 인력에 자극을 줄 수도 있다. 이를 휴먼 클라우드(Human Cloud)로 부르는 제안도 이미 나왔다. 전문 인재를 필요할 때만 빌려 쓰는 시스템으로 기업이 필요한 기술, 역량, 경험을 가진 인재를 디지털 플랫폼에서 프로젝트 단위로 연결하는 구조다. '벤처 엘(Venture L)' 창업자인 매튜 모톨라와 매튜 코트니가 공저한 『휴먼 클라우드(인공지능과 프리랜스 이코노미로 혁신한 다음 세대의 일터)』에서 제안한 밑그림이다. 벤처 엘은 실제로 그렇게 회사 인재를 전문가 풀에서 쓴다.

프로젝트 긱 워커들은 재택근무가 가능해서 출퇴근 탄소 배출, 다양한 업무 쓰레기를 줄일 수 있고 로컬 경제 문화에도 참여할 수 있다. AI 시대가 본격 도래해서 한 직장 내 근로자 일이 줄어들면 N잡러, 긱 워커들도 늘어날 것이다.

변화 둘은 재택근무의 도입과 확산이다. 먼저 〈이코노미 조선〉 기사를 보자. 도심을 벗어나는 기업들의 이동을 네 가지 이유로 분석한 기사다.

이유 있는 대기업의 도심 탈출…데이터 센터 등에 투자 기회

(이선호 우리은행 WM 영업 전략부 팀장. 2025.5)

(전략) 코로나19 팬데믹 이후 급격한 인플레이션에 의한 임대료 상승이 있었고, 재택근무와 원격근무 등 일하는 방식의 인식 전환도 있었다. 도심과 헤어질 결심 세 번째 이유는 업무 효율성이다. 코로나19 팬데믹 이후 재택근무, 원격근무와 하이브리드 근무가 보편화하면서 도심 사옥의 필요성이 감소했다. 마지막으로 도심 네트워크의 영향력 감소다. (중략) 인공지능(AI) 시대에는 디지털 플랫폼을 통한 비대면 소통이 주류가 되고, 오프라인 활동은 필수적인 인적 교류에 국한되면서…. (후략)

이런 변화에 맞춰 기존의 오피스 빌딩에 에너지 제로 개념 즉, ❖공공건물 ZEB 의무화, ❖5층 이상 민간 건물에 그린 리모델링·옥상 정원 보조금 지원 ❖건물 에너지 등급 공개 등을 병행하면 더 효율적일 것이다. 건물주들도 이젠 탄소 중립 대열에 뛰어들어야 한다.

12. 워케이션(Workation) - 일과 휴가의 결합

1990년대 초반에 '워크숍'이 기업 문화에 도입되었다. 일본의 한 기업이 시작했는데 성과가 좋아서 퍼졌다고 들었다. 워크숍은 오피스에서 벗어나 경치가 좋은 한적한 곳으로 옮겨 하루 이틀 숙박하면서 자유로운 분위기에서 토론, 교육 등을 하는 기업 문화다. 생산성과 팀워크 향상에 도움이 많았다고 많은 나라 기업이 이를 도입했다. 이것이 코로나 19와 워라밸 트렌드를 맞아서 워케이션 문화로 변모하고 있다.

워케이션은 일(Work)과 휴가(Vacation)의 합성어로, 원하는 곳에서 업무와 휴가를 동시에 할 수 있는 새로운 '일휴(休)' 근무제도다. 참고로 한자 휴(休)는 사람이 나무에 기대어 '쉰다', '일을 그만하다' 뜻이고 영어 vacation은 '비운다'는 뜻이다. 코로나 19로 재택이나 원격근무가 늘면서 부상하기 시작했는데, 휴가지에서의 업무를 인정함으로써 업무의 능률성을 꾀할 수 있다는 장점이 있다. 이것은 개인 단위이며 업무 연속이고 또한 비교적 장기간에 걸쳐 일어난다는 점에서 워크숍과는 다르다. 워케이션 유형은 ❖도심형(호텔 등), ❖휴양형(자연지), ❖농촌·전통 체험형(농가·한옥)으로 구분되는데 국내는 제주도, 강원도, 부산, 전북·전남 등에서 특히 늘었고 해외는 비교적 저렴한 치앙마이 등에서 활발히 운영 중이라고 한다. 네이버, 배달의민족, 마이리얼트립 등이 해외

워케이션 제도를 도입해 직원 복지 강화에 활용하고 있다. 워케이션을 지지하는 것이 긱, 자유직 종사자, 탈출을 꿈꾸는 30대 여성층, 은퇴자들을 중심으로 일어나는 지방 한달살이나 6개월 살이다. 가장 중요한 요소는 위치나 원격 통신 환경인데, 지자체는 ❖워케이션 지원 조례 제정, ❖지역별 워케이션 거점 조성, ❖거점 통신 인프라 환경 등을 지원하는 것이다. 기업과 연계한다면 고향사랑기부제와 연동할 방법도 찾을 수 있을 듯하다. 워케이션은 연중 수요가 꾸준해 현재 전국의 인구 소멸 지자체는 특히 메타버스와 워케이션 유치에 진심이다.

도시 탈출, 번아웃 엑소더스

다음은 워케이션 관련한 기사들 일부이다. 지자체가 열심히 뛰는 모습이 인상적이다.

(제주=뉴시스) 제주도는 오는 24일 오후 2시부터 2025 제주워케이션 바우처 3차 참가자를 모집한다고 23일 밝혔다…. (후략)

(파이낸셜뉴스) 전남 강진군은 2025 워케이션 in 강진에 참가할 500명을 선착순으로 모집한다고 23일 밝혔다. 이번 프로그램은 문화체육관광부의 계획 공모형 지역 관광개발 사업의 일환으로…. (후략)

(아시아경제) 전남 순천시는 전남관광재단과 공동으로 정원 워케이션 공간과 연계한 '블루워케이션'상품을 출시(전남의 청정 관광자원을 활용한 프로그램)…. (후략)

(뉴시스) 부산 창조경제혁신센터는 워케이션 활성화를 위해 내달 4일부터 29일까지 전국 직장인을 대상으로 KTX·SRT 왕복 교통비 전액 지원 이벤트를 진행한다…. (후략)

워케이션은 아래 기사처럼 런케이션, 농(農)케이션 등으로까지 확산 중이다. 이중 용어만 바꾼 워케이션도 있으나 지자체 관심을 볼 때 향후 응용 발전 가능성을 가늠해 볼 수 있다.

(JIBS 뉴스) 이제는 농케이션이란 말까지 등장했습니다. 농촌이 주도하고 도시가 연결되는 모델인데, 제주에서 처음으로 시도되고 있습니다. 글로벌 창업 교육과 로컬이 결합한 새로운 실험인데요, 그 시작점은 남쪽 끝 어촌 마을 모슬포가…. (후략)

(머니투데이) 광명시는… 특히 교육과 관광을 결합한 '런케이션'(Learn + Vacation) 콘텐츠 개발을 통해 도시 브랜드를 강화하고, 외부 관광객과 청년 인재 유입을 동시에 꾀한다. 런케이션은 평생학습원, 안터생태공

원, 업사이클아트센터 등 지역 내 교육 인프라를 활용해 학생 대상 교육형 관광 프로그램을 운영하는 동시에, 창업지원센터와 연계해 청년 취·창업 연계 프로그램도 마련한다. 관광과 청년 일자리를 함께 연결한 점이 특징이다.

워크숍 문화와 워라밸 욕망의 결합인 워케이션은 재택근무, 메타버스 기술 환경, 삶의 질, 로컬 활성화, 여행 문화, 세대교체 등의 부대 현상들과 행복하게 맞물려 있는 마중물이 될 수 있다. 기업의 개방된 직장 문화 그리고 지자체 지원이 따라 주면 지방의 새로운 수입 자원이 될 수 있고 관계 인구(또는 함께 인구) 증대 그리고 도시 직장인들의 스트레스와 번아웃 완화에도 꽤 기여할 것이다. 기후 시민이 가질 새로운 즐거움이다. 이용자들도 조심할 게 있는데 앞에서 말한 공정 여행 기준을 지킬 필요가 있다는 것이다. 자가용 대신 대중교통을 이용하고 로컬 푸드를 직접 요리해 먹는 등 기후 시민 예절이 필요하다.

아, 안타깝다. 내가 직장 생활할 때 이런 기술과 문화가 있었다면 전국을 자유롭게 누볐을 텐데!

4부
주거와 건축의 전환

13. 집 활용하기 - 쉐어하우스와 코하우징
14. 목조 아파트를 짓게 된 사연 – 탄소 저장

재택근무 시대 도래를 말했으니, 재택근무를 할 주요 공간인 집 이야기를 하는 게 맞을 듯하다. 집은 거주 공간이면서 가정의 최소 공집합이고 공동체를 만나는 연결점이다. 과거의 문화였던 마당, 집들이 등이 그 문화였다. 그러나 도시화가 급속도로 진행되면서 한국인에게 집은 거주 공간이 아니라 투자 수단으로 타락한 지 오래다. 직장인들은 그냥 잠만 자는 공간이다. 집 내부 그리고 공동체에서 무슨 일이 벌어지는지도 모른다. 20여 년간 내가 그랬다. 내 것이지만 내 것은 아니었던 그 집(home & house)! 그것이 변하고 있다.

코쿤족과 은퇴자의 확대, MZ세대 등장과 긱 이코노미 등과 맞물려 요즘 집을 활용한 플랜테리어(플랜트+인테리어), 집 마련이 어려운 MZ세대 사이에 화제인 쉐어하우스와 코하우징(co-housing. 독립 주거와 공유 공간을 결합한 공동체 기반 주거 모델로, 프라이버시를 지키며 이웃과 협동 생활을 하는 형태. 1960년대 덴마크에서 현대적 형태로 시작되어 유럽·북미·아시아로 확산 증가 추세. 미국 코하우징협회 6대 원칙은 ❖주민 참여, ❖주민 교류를 위한 환경 디자인, ❖개별 주거를 보완하는 공유시설, ❖주민에 의한 관리, ❖비계층적 구조, ❖의사결정의 합리성, ❖공동경제 활동을 목표로 하지 않음), 가내 수경 재배, 식물 재배기 판매도 새로운 트렌드가 되고 있다. 코로나19 이전만 해도 다수 건설업체와 가전업체가 "배달 시대를 맞아 이제 집에서는 주방이 없어질 것이다."라고 말하던 것과는 역 현상인 집의 귀환이다. 공무원들은 이 변화를 주의 깊게 들여다볼 필요가 있다.

내 집 다시 찾기

나는 10년 전부터 긱 워커로 전환했다. 집에서 일하는 비중이 많이 늘었다. 남들은 집을 나가야 일이 된다지만 나는 집이 편하다. 그러면서 집의 다양한 가치를 새삼 깨닫게 되었다. 잠만 자는 곳이었던 집이 나에게 활력을 주고 기쁨을 주는 공간으로 변한 것이다. 나 하기 나름인데 재택근무뿐만이 아니라 기후 시민이 되기 위해서도 집 활용도를 높이는 것은 필수다.

직장과 가정은 각자 우리 중요한 시공간이며 다른 두 '계(界. field)'다. 돈을 버는 기준으로만 보면 가정은 직장보다 하위계 같지만, 평생 반려 관점으로 보면 오히려 상위계다. 나는 그 사실을 늦게 알았다. 반려동물, 반려 식물 개념을 쓰면 집은 반려 집이다. 미래학자인 페이스 팝콘이 예언한 '코쿤(cocoon. 누에)족'들이 늘면서 만들어진 흐름이다. 내 집을 다시 찾으면 삶의 행복도가 50%는 올라간다. 그건 확실하다. 그리고 그런 가능성은 현재 당신 집에도 있다. 참고로 나는 초등학생이 되던 해 집이 몰락해 30

년을 전세로 떠돌며 살았다. 그래서 집을 꾸민 경험도 생각도 일 없었다. 집을 사고도 직장 생활 20년 동안 집은 그냥 전진 캠프였다. 그런 내가 재택근무를 하는 긱 워커가 되면서 드디어 바뀐 것이다. 거기엔 내가 감사로 있는 서울 그린 트러스트 영향도 꽤 있다. 그건 다음 장 '재야생화'에서 다시 소개하겠다.

일단 내 집 조건부터 말하면 지은 지 40년이 넘은 주공 아파트고 5층 중 1층에 있다. 30동 600세대가 사는 단지엔 빈터가 많고 다양한 나무들이 있다. 작은 숲이라고 해도 될 정도다. 33평에 사는데, 오래 전 지은 주공 아파트라 공유 면적은 62평이다. 집 밖에 정원과 숲 형태로 공유 면적이 넓은 것이다. 나는 2년 전부터 그 공유지를 최대한 활용한다. 다른 주민은 이 공유 공간을 활용하지 않기에 '아이쿠, 그럼 내가 써야지!'하면서 100여 평을 내 스타일로 꾸몄다. 나무하고 화초 공부도 좀 했다. 화단엔 30여 종의 화초와 야생초를 키우고 작은 숲엔 '小邱苑(소구원)-작은 언덕 정원'이라는 이름을 붙여서 과천 도시 새들 모이 터, 작은 인공 샘 등을 만들고 남들이 버린 테이블, 의자, 블록 등을 가져다가 쉼터와 화구(火口)도 만들었다. 아내는 '망고', '이모' 이름의 들고양이 두 마리를 키운다. 굳이 지방에 있는 주말농장을 가지 않아도 어느 정도 전원생활 필(feel)은 나온다. 덕분에 기후 시민이 되기에 조건이 좋다. 투기를 목적으로 집을 선택하지 않은 보상이라고 생각한다. 정원과 작은 숲을 활용하면서 나는 집의 장소성을 많이 느끼게 되었다.

당신의 집 활용률은?

내가 2023년부터 경동 나비엔 마케팅 고문을 하면서 알게 된 게 있다. 내가 아파트의 (콘덴싱) 보일러, 온수, 적정 수면, 청정 환기, 공기의 질 등을 전혀 몰랐다는 것이다. 패시브 하우스(기후 변화에 따라 주택 유지비 부담이 커지면서 독일에서 시작된 고효율 에너지 주택. 주택 내부의 열이 바깥으로 나가지 않도록 최대한 차단하여 에너지 효율을 높임), 액티브 하우스 원리도 몰랐다. 그런 걸 얼추 알게 되면 집의 작동 원리도 알게 된다.

집을 활용하는 기준에서 만점을 100%라고 보면 당신은 몇 %를 쓸까? 어떤 이는 10%도 안 될 것이다. 나도 10년 전까지는 20년을 산 과천보다 서울을 더 잘 알았고 동네 사람보다 서울 사람을 훨씬 많이 알았다. 2000년부터 이사 안 가고 한집에서 살았는데도 그랬다. 한국 도시에서 집은 투자 아니면 노후 퇴직금 용도다. 미국, 북유럽 사람들이 다락, 창고, 정원, 주방, 사우나 등 집을 생산+쉼+스토리 저장고 공간으로 알뜰하게 쓰는 것에 비하면 한국은 집 활용도가 매우 떨어진다.

내가 사는 1층 아파트는 자식 하나가 나가 살아 방 하나는 대체로 비어 있다. 단독이라면 방을 개조해서 핀란드식 찜질방을 만들고 작은 방 하나는 다양한 오븐과 요리 도구가 있고 냄새를 막 피워도 되고 벽난로가 있는 요리와 식음 전용 방을 만들고 싶다. 예술을 좋아하는 누구는 미술 방, 오디오 방, 연주실, 만화방 등을 만들고 싶을 것이다. 그러면 80% 이상 집을 쓰는 셈이다. 그게 현실적으로 안 되더라도 머리를 쓰면 50~60%는 활용할 수 있다. 요리를 배워 반찬도 만들고 계절이 바뀌면 꽃 도매상에 꽃과 비료도 사서 베란다와 화단에 꽃 심어 지중해 집이나 광주 양림동 펭귄 마을처럼 꾸민다. 그림도 좀 사고, 공구 가게에서 전지가위, 톱, 드릴 같은 몇 가지 필수 공구도 사야 한다. 빵집·떡집·정육점 가게 주인장도 친해 두고, 옆집 쌍둥이 집 부부, 윗집 중소기업 사장님 내외도 불러서 포틀럭 파티도 해야 한다. 지방을 다녀오다가 특산물을 두세 배 사서 앞집 윗집에도 나눠준다. 지자체 선거 때는 공약 전문가 겸 시민으로 참가하기도 한다. 그러면 도시 전체를 더 잘 알게 된다. 이웃 친구도 늘어난다.

이것들은 내가 3년 전부터 실제로 하는 방식이다. 집을 많이 이용하면서 아내와의 관계도 꽤 회복되었다. 전에는 빵점 남편이라고 비웃던 아내가 지금은 80점 이상은 된다고 엄지척이다. 내 목표는 120점이다. 전에는 집에 오면 자기 바빴는데 지금은 할 일이 계속 눈에 보인다. 한국은 아파트가 너무 많아 미국이나 북유럽, 캐나다처럼 집을 120% 쓸 수는 없어도 최소한 50%만 잘 쓰면 일상이 확 달라질 것이다. 뤽 베송 감독의 영화 〈루시〉를 보면 주인공 루시(스칼렛 요한슨 분. Lucy는 라틴어로 빛을 뜻하는 Lux의 파생형 이름이면서 동시에 아프리카에서 발견된 인류 최초의 여성 이름)가 우연히 어떤 약물을 복용하면서 뇌 능력이 10%-인간의 평균 뇌 사용량,에서 점점 24%-신체의 완벽한 통제, 40%-모든 상황의 제어 가능, 62%-타인의 행동을 컨트롤, 100%-시공간을 초월한 초능력 연결자로 변신한다. 집 활용률(%)에 따라서 루시처럼 확실히 다른 집을 경험하게 될 것이다.

앞으로 MZ세대는 재택근무, 유연근무제 등이 보급되면 집에서의 시간 보내기 비중과 중요성이 더 커지게 된다. 영화 〈레옹〉에서 주인공 킬러가 가장 소중하게 키우는 것이 조그만 화초 아글라오네마인데 킬러에게 그 의미는 마냥 크다. 킬러와 화초는 뿌리 없는 잡것이라는 일체화가 일어나기 때문이다. 앞으로 오피스는 10 to 4, 주 4일 근무 혹은 재택근무로 변할 가능성이 크다. 그럼 우리는 집에 더 있어야 한다. 집이 변할 수밖에 없다. 100세 시대 노령화가 진행되면 치매 위험도 커진다. 나이 든 이들에게 뭔가를 가꾸고 누군가와 친밀한 대화를 나눈다는 것은 두뇌를 촉진하고 정서 훈련을 시키기에 좋다. 물론 기꺼운 노동도 수반한다. 이걸 하릴없는 소일거리라고 착각하지 말자. 다시 자기를 찾고 자연으로 돌아가는 것이다. 1시간 이상 가는 먼 거리에 농막과 주말 농장만이 답은 아니다. 동네 사람들과 합심하면 재야생화도 할 수 있다.

집이 작으면 실내 재배를 수직으로 하면 된다. 수평 사고를 버리자. 가능하면 우리가 일상에 먹는 것으로 하는 게 좋다. 상추, 오이, 방울토마토, 파, 당근, 부추 등은 부피 차지도 별로 없고 계속 잘 자란다. 방 안 공기정화와 습도 유지에도 도움을 준다. 매일 자라는 식물 아이를 보는 것은 정서에도 좋다. 사랑하는 것이 있는 이는 쉽게 늙지 않고 우울증에도 잘 빠지지 않는다.

생태형 융합 복지

6개월 정도 주민센터에서 이런 과정을 가르치자. 이를 전문적으로 가르치는 집 활용 설계사 일자리를 만들면 좋을 것이다. 일자리 창출, 패시브(수동적으로 기존대로 하는)에서 액티브(예방, 혁신적)로 전환하는 복지 방식 개선 등이 기대된다. 지자체는 1년에 한 번 집 활용 우수 선발 대회를 해도 좋겠다. 포상금은 최우수·우수·장려 총 5억 원. 이런 건 통 크게 쓰자. 서울과 수도권 그리고 대도시에 거주하는 가구에서 이를 한다면 아마 수만 톤의 식물이 재배될 것이다. 여기서 나온 잔여는 공유 퇴비로 재활용한다. 봄과 가을에 아파트 사람들이 자신들이 키우는 것을 집 밖에 내놓고 전시하면 멋진 '도시 밭 축제'가 된다. 그걸 즉석에서 따서 전 부치고 쌈장에 싸서 미니 잔치를 벌이면 동네 사람들 소통도 좋아질 것이다. 솜씨가 좋은 사람은 브랜드화해서 팔기도 할 것이다. 내 말이 의심스럽다면 당장 마르쉐@혜화, 양평 문호리·곤지암 리버마켓, 광주 양림동 펭귄 마을에 가 보라. 거기서 어떤 혁신이 벌어지고 있는지.

행정은 외형만 깔끔한 도시, 인간을 타자화하고 무력화시키는 퍼주기 복지만 할 게 아니라 이런 생성형, 자연 귀환형 복지 방법을 찾아야 한다. 복지사에게 원예를 가르치고 원예과 학생들에게 복지를 가르쳐 보자. '생태형 융합 복지'가 나올 수 있다.

14. 목조 아파트를 짓게 된 사연 - 탄소 저장

집을 짓는 데 관여한 사람들은 평균적으로 집 활용도도 높다. 그래서 교외에 개별 단독주택을 짓는 이들이 늘었다. 이런 집들은 목조, 패시브 방식을 선호한다. 그런데 나는 교외 단독주택이 아니라 서울 도심 한복판에 이처럼 개념 있게 짓는 기후 시대 탄소 중립 아파트를 본 적이 있다. 많은 부분이 인상적이어서 여기 소개한다. 굵게 표시한 부분을 눈여겨보기 바란다. 이익에 혈안이 될 조합 아파트 재건축인데 놀랍게도 기후 시대 의식이 자리 잡고 있다.

"<u>탄소 중립 없는 공동체는 없고, 공동체 없이 탄소 중립도 요원한 일입니다.</u> 우리 조합은 우리가 짓는 아파트로 나와 가족, 이웃 그리고 미래세대에 대한 사회적 책임을 다하는 우리의 태도와 역량을 보여주고자 합니다. 그러니 우리 조합이 추진하는 패시브 아파트와 나무아파트 그리고 협동조합으로 아파트를 관리하는 시스템 등에는 우리 조합의 진심이 담겨있습니다. 이로써 우리 아파트가 이 지역 그리고 2030년대 이후를 살아갈 다음 세대들이 필요로 하는, 사회적 인프라가 되는 커먼즈(commons, 공동자산)이길 바라고 있습니다. (후략)"

이 시대 화두가 되는 많은 이슈를 함축한 이 언사는 놀랍게도 재건축 조합장이 한 말이다. 꼭 기후 활동가가 할 말 같지 않은가! 그날 참가자 축사 중에 가장 박수를 많이 받은 발표였다. 2025년 9월 말, 착공식을 시작한 성북구 종암동 개운산 마을 조합의 착공식 현장에서다. 조합장은 이원형, 본인은 건축가다. 비가 추적추적 내리는 이날 착공식엔 조합원을 포함해 200여 명이 참가했고 이 강오 전 한국임업진흥원장, 핀란드 유리 대사 등이 축사했다. 유리 대사는 이 아파트가 핀란드 기업의 목재를 쓰는 인연으로 온 것이다. 한국은 나무가 많다지만 정작 알아보니 고층 아파트에 쓸 목재는 마땅히 없었다. 나는 서울혁신센터장 겸 마케터 인연으로 조합의 초기에 임원들과 만났는데 조합장의 "아파트 개념에 혁신을… 목재를 활용한 아파트를 짓고 싶다."라는 뜻을 이루어 주려고 숲과 나무 전문가였던 이강오 한국임업진흥원장을 연결해 준 바 있다. 당시 이 원장은 목조 아파트 건축에 큰 관심을 보이면서 한국이 풀어야 할 문제로 ❖국민적 편견(화재, 안전, 내구성 등 문제로 아파트는 목재가 불가), ❖목조 건축 규제, ❖목조 건축 보조금, ❖지역 목재 산업 육성_ 지역 목재 공급망 구축 등을 제기한 바 있다. 본인도 지금 괴산에 목조로 된 집을 짓고 있다.

목재 아파트는 쉽지 않다. 디자인으로는 아름답지만, 고정관념대로라면 화재 우려, 견고성 등의 문제가 있고 하기에 따라서는 가격도 오히려 더 비쌀 수 있으며 무엇보다 국내에 사례가 거의 없기 때문이다. 따라서 나무 재료 산업도 없다. 해외에는 캐나다 등 고층 아파트에도 적용한 사례가 있다. 이런 상황에 만일 당신이 산림청이나 구청 공무원들이라면 쉽게 허가를 내주겠나? 단지가 작으면 대형 설계사, 시공사를 찾는 일도 만만치 않다. 혁신을 거부하는 한국 풍토 탓도 있다. 조합이 그들을 설득하고 근거를 대는 작업에만 2~3년이 걸렸다. 여러 이유로 포기를 했을 법한데, 그 조합은 결국 해낸 것이다. 이 뜻깊은 착공식에 그런데 구청 공무원은 당일 아무도 오지 않았다. 이런!

그럼, 왜 목재 아파트인가? 이날 보도자료는 이렇게 설명한다.

사업 면적 5,097㎡에 지하 3층, 지상 20층 규모의 총 130세대로 진행하고 있는 이번 사업은 국내 최초로 나무 아파트(총 180세대)를 도입한 점에서 주목받고 있다. 목재 공급사로는 핀란드의 세계적 공학목재 기업 스토라 엔소를 선정했다. 최근 화두가 되는 기후 위기와 그에 대한 대책으로 탄소 중립 정책을 고민하는 시점에 첫 목조 아파트 건축 계획에 이목이 쏠리고 있다. 목조 아파트는 건축적 혁신성을 갖춘 미래 건축 소재로, 기후 위기 시대에 온실가스 감축, 재생에너지 사용, (건설) 폐기물 관리, 자원 효율성 향상 등을 가져올 수 있다. 탄소 중립이 시대적 화두인 한국으로서는 효율성이 뛰어나고 가성비가 높은 실천 방안이다. 개운산마을 180가구를 철근 콘크리트 구조로 지을 때 이산화탄소가 총 5,130t

이 나오는 반면, 목구조를 적용하면 배출량이 1,062t으로 79.3%가량 줄어든다. 이는 차량 2만여 대가 서울과 부산을 왕복할 때 배출되는 이산화탄소량과 맞먹는다. 또한 외단열을 통한 패시브 하우스(Passive House)로 설계해 '탄소 중립 아파트'를 목표로 하고 있다.

자료에 나온 공학 목재(engineered wood)는 파티클 보드와 집성재처럼 접착제 등으로 붙여 가공한 목재다. 가닥, 입자, 섬유 또는 합판 또는 목재 보드를 결합하거나 고정하여 제조되는 파생 목재 제품이 포함된다. 이 제품은 많은 건축 프로젝트에서 강철을 대체하는 장선 및 보에 사용할 수 있다. 매스 팀버(mass timber)는 콘크리트 조립을 대체할 만한 건축 자재 그룹인데 일반적으로 목재를 제조하는 데 사용되는 것과 동일한 활엽수 및 침엽수로 만들어진다. OSB(Oriented Strand Board) 같은 제품은 일반적이지만 구조적이지 않은 수종인 포플러과 나무를 사용할 수 있다.

'패시브(Passive)'란 능동적으로 에너지를 쓰기보다 건물 자체가 환경에 수동적으로 적응해 에너지 손실을 최소화한다는 의미다. 70~90%의 에너지를 절약해 냉난방비를 절감하며 쾌적한 실내 환경을 유지하고, 곰팡이와 결로 예방 등 장점이 있다. 통상 공사비가 많이 들어 고급 단독주택이나 타운하우스(Townhouse. 여러 세대가 한 건물, 혹은 일렬로 붙어서 사는 주택 형태로, 겉모습은 단독주택처럼 보이지만 구조적으로 일부 벽을 옆집과 공유. 테라스 하우스, 로우 하우스로 불리기도 한다) 등에서 적용하지만, 개운산 마을처럼 아파트에 적용은 국내 최초다.

산림청, 지자체 공무원님들, 이런 개념 있는 건축이 많이 이루어지도록 산에 수종 다변화, 공학목재 산업 육성, 조례, 지원 사례를 많이 밀어 주시길! 한국에 소나무가 유난히 많은데 소나무에서 송이만 채취하려고 나무 키우는 건 아니지 않은가.

5부
이동과 여행의 전환

15. 모빌리티 전환
16. 여행의 전환 - 슬로 투어리즘

20세기부터 현대의 혁명은 기본적으로 공간의 단축 즉 교통수단의 획기적인 변화에서 온 것이라 해도 과언이 아니다. 자동차(휘발유차, 디젤차, 하이브리드차, 전기차, 수소차, 자율주행차), 오토바이크, 기차, 지하철, 비행기 등이 사람들을 도시로 불러들였다. 마이카 시대도 열렸다. 어디든 씽씽 모빌리티가 전국 구석구석을 연결한다. 그런데 아뿔싸! 그 편리하고 고마운 모빌리티가 탄소 배출로 부작용(온실가스를 배출하는 에너지 사용 중 교통은 24% 차지)을 일으키면서 온실가스와 기후 시민의 새로운 라이프스타일 관련해서 뜨거운 감자가 되고 있다. 일단, 한국인의 통근 문화부터 보자.

초저심도로, GTX?

통계청 인구조사에 의하면 한국인 중 12세 이상 통근 인구는 2,330만 명이다. 통근에 걸리는 시간은 1995년 29.6분에서 2020년 34.8분으로 늘었다. 통근 시간이 1시간 이상(왕복이면 2시간)인 인구의 비율도 9.5%에서 15.3%로 5.8% 포인트 증가했다. 한국인의 통근 시간은 OECD 국가 중 가장 길다. 이것은 12세 이상으로 잡은 것이라 학생들이 포함되어 있어서 직장인들 통근 시간 실상에 대한 착시가 생긴다. 도시의 직장인들은 도시의 확장으로 인해 이

보다 훨씬 더 긴 시간을 통근에 보낸다. 번아웃의 주역이 바로 통근이다. 〈나의 해방일지〉에서 염미정이 "나를 추앙해요. 가득 채워지게. 난 한 번은 채워지고 싶어. 사랑으로는 안 돼." 하지만 교외 인간은 결코 추앙받지 못한다. 서울을 중심으로 전철 구간이 길어날수록 역설적으로 그 시간은 길어진다. 자동차는 더 심하다. 월요일 아침 6시에서 7시 사이에 벌써 꽉 막히는 서울 주변 도로를 보면 실감할 것이다. 이들이 뿜어내는 탄소도 상당하다. 서울권 지자체장들이 앞다투어 공약에 넣는 초저심도로, GTX는 시간을 줄일지는 몰라도 천문학적 토목 비용에 지표면 탄소 배출과 미세먼지 발생, 도시 집중화 가속으로 지방 시대 방해, 지하의 물 생태계 파괴로 포트홀, 지하 사막화 같은 위기를 불러일으킨다. 이것은 과거 수십 년간 도시 팽창-도로망 확충-인구 증가-공해 증가-도시 팽창으로 이어지는 메가시티 악순환 고리의 연장일 뿐이다. 이미 우리는 이를 풀기 위한 비욘드 방법으로 의식(ritual) 변화, 15분 도시, 재택근무, 지역 공유 오피스, 워케이션 등을 논의했는데 이젠 탄소 중립과 기후 시민이 되는 다른 방법인 모빌리티 대안을 알아볼 때다.

전기차의 허와 실

세계 3대 IT 전시회 중 하나로서 스페인 바르셀로나에서 열린

2023년 MWC(Mobile World Congress)는 모빌리티 쇼 성격이 특히 강했다고 평가받는다. 여기서 주목받은 전기차를 더 알아보자.

전기차(EV)는 하이브리드자동차, 수소차 등과 함께 환경친화적 자동차 중 하나로 기대되는 모빌리티다. 영국 정부가 발표한 '온실가스 보고서'에 따르면 이산화탄소 배출 순위는 다음과 같다. 양은 1인당 1km를 이동하면서 배출하는 이산화탄소의 양이다.

＊단거리 경비행기: 255g

＊휘발유 중형차: 192g

＊경유 중형차: 171g

** 서울 기준으로 택시 1대는 1년에 약 10톤의 탄소를 배출한다. 산불이 나면 보통 산불 피해목의 90%는 화력발전소 등에서 연료로 태워지는데, 울진 산불의 경우 피해목 6,156톤 중 89.4%가 '바이오매스 발전소(나무, 식물 등 생물자원을 연로로 전기를 생산하는 친환경 에너지 시설. 그러나 이 과정에서 이산화탄소 배출, 정부 보조금 정책과 연계한 문제점도 많다)'에 판매되었다. 이때 배출된 탄소는 택시 약 825대가 1년간 내뿜은 양과 같다. (출처: 기후솔루션)

＊중거리 비행기(미국 내 또는 유럽의 두 국가 비행): 156g

＊장거리 비행기(3,700km 이상): 150g

＊버스: 105g

＊중형 바이크: 103g

＊휘발유차(2인 탑승): 96g *1인 탑승보다 2분의 1로 줄어든다.

＊중간 전기차: 53g

＊철도: 41g

＊페리선: 19g

＊유로스타: 6g

전기차는 일반 휘발유차의 4분의 1 수준이다. 한국도 전기차 장려 정책을 펴고 있다. 2020년 전기차 지원금은 정부 800만 원에 지자체 500~800만 원을 합한 1,300~1,600만 원이다. 취·등록세도 면제해 준다. 주요 선진국들은 10~30년 이내로 생산되는 모든 자동차를 친환경 차로 바꾸겠다고 선언했으며, 메이저 자동차 회사들도 비슷한 계획을 발표했다.

전기차는 사실 내연기관 자동차보다 빠른 시기에 개발되었다. 200년 전인 1828년 헝가리 사제 아니오스 예들리크는 최초로 소형 전기차 모형을 만들었고 1834년 스코틀랜드 발명가 로버트 앤더슨은 최초로 사람이 탈 수 있는 일회용 전기차를 만들었다. 1881년 프랑스 발명가 귀스타브 트루베는 최초로 영구 사용 가능한 충전식 전기차를 시연했다. 심지어 100km/h를 처음 돌파한 것도 내연기관 자동차가 아닌 전기자동차였다. 그러나 이들은 여러 문제로 상용화되지 못했다. 전기차 급전 방식은 배터리 충전 외에도 수소 연료전지 급전, 태양전지 급전 방식이 있는데 아직은 상용화가 미흡하다. 그런데 잠깐, 전기차는 과연 휘발유차보다 1/4만 탄소를 쓸까? 뭔가 착시가 있는 것은 아닐까?

전기자동차의 전기를 생산하기 위해서는 공해나 환경 파괴가 이루어지며, 전기 생산 및 운반 효율도 효율이 높지 않고 결정적으로 전동기와 배터리 생산 시 공해가 많이 나오므로 내연기관 자동차에 비해 오히려 더 환경에 유해하다는 반론도 많다. 일부 일리는 있지만 좀 더 따지고 들어가면 이 주장들은 구체적이지 않다. 일단 기후에너지환경부에서 발급하고 있는 '탄소성적표지' 자료에 의하면 탄소 배출량 비교 시 일반 내연기관 차량의 경우 생산부터 폐기까지 약 20톤인데 비해 전기 차량은 15톤 미만이다. 숫자로만 보면 20% 탄소 저감을 해 준다. 그 외에도 전기차의 탄소 중립 장점들이 거론된다. 나는 문과생이라 이것을 기술적으로 하나하나 검토하기는 힘들어 반론을 그대로 옮기겠다.

첫째, 전기차는 엔진 효율 증대 및 공해 물질 통제가 가능해서 환경 오염 제어 효율이 높다. 두 번째는 발전소 문제다. 어차피 전기도 대부분 연료를 직접 태워서 만드니 다를 게 없다는 것인데 이는 발전 방식과 나라별 발전 비중에 따라 달라진다. 석탄화력발전소는 막대한 황산화물과 미세먼지를 발생시키며 세계 공해의 약 3분의 1을 차지한다. 그러나 화력발전소의 신규 건설 및 개수가 제한되고 재생 에너지와 원자력 발전소, 고효율 화력발전소가 늘어남에 따라 탄소 배출량 증가 속도는 계속 줄어든다. 노르웨이는 수력 발전이 전체 발전량의 95%여서 전력 생산 공해가 거의 없어 전기차 천국이다. 반대로 중국은 석탄 화력발전 비중이 60%가 넘는다. 한국은 화력발전 비중이 32%다. 세 번째, 차량 자체 관점에서 보면 전기차는 노후화로 인한 배기가스 내 유독 물질 증가라는 단점이 없다. 마지막으로 발전기는 특성상 자주 껐다 켰다 할 수 없어 야간에는 전기가 남아도는데 전기차 배터리로 야간 잉여 전력을 저장할 수 있다. 단, 핵융합 실험이 2040년에는 상용화가 될 것이므로 더 친환경 자동차로 변모한다는 주장은 수용하기 어렵다. 어차피 핵융합 발전이 되어 보급되면 세계 탄소 배출량은 극적으로 줄어들기 때문이다.

파리의 변모와 자전거 파워

이상으로 보면 전기차가 친환경 차임은 분명하나 최상의 답은 아니다. 자동차인 이상 타이어 생산과 마모, 폐기 그리고 도색 등 전 과정(LCA. Life Cycle Assessment)에서 발생하는 미세먼지, 탄소 발생 문제는 그대로 남는다. 값이 비싸고 충전소 부족, 잦은 화재 우려 때문에 수요가 줄고 있는 것도 문제다. 그래서 여러 도시는 BMW 중 자전거를 주목한다. 파리 시장 안 이달고는 15분 생활권을 조성하기 위해 노력을 쏟는데 그 핵심에 자전거 활용 정책이 있다. 재미 삼아 알아보면 역사상 첫 자전거는 지금으로부터 232년 전인 1791년 프랑스 귀족 '콩트 메데 드 시브락'이 타고 나타났다고 한다. 그는 나무로 만든 바퀴 두 개를 또 다른 나무로 연결해 그 위에 올라타서 두 발로 땅을 박차고 앞으로 나가는 목마를 타고 파리 팔레 루아얄 정원에 나타났다고 한다. 230살이 넘는 이 자전거가 지금 탄소 관련해서 새로운 역할을 담당하고 있다.

자전거는 속도만 빼면 환경, 건강, 지역, 인간을 돕는 최상의 모빌리티이다. '서울연구원'에서 정리한 안 이달고 파리 시장의 역점 사업 중 자전거 관련은 다음과 같다.

도시 환경

＊6만 개의 자동차 주차장을 자전거 정류장으로 전환

＊모든 파리시 내 도로에 안전한 자전거도로 설치

도시 문화

＊시민들이 15분 안에 집으로 돌아가 '배우고, 운동하고, 자신을 돌볼 시간'을 갖게 퇴근 시간을 줄일 수 있도록 노력

이 자전거 효과는 시각적으로도 '슬로 라이프' 효과가 있어 파

리지앵과 여행자들에게 심리적 안정감과 낭만적 도시 풍경을 만들어 준다. 파리가 그렇게 하는 것은 네덜란드가 영향을 미쳤을 것이다.

🐸 네덜란드는 1,834만 명 인구 1명당 자전거 보유 대수가 1.1대로, 유럽에서 사람보다 자전거가 많은 유일한 나라다. 네덜란드 위트레흐트주의 하우턴시는 인구 5만여 명의 소도시다. 1960년대 신도시로 개발 때부터 뛰어난 도시디자인으로 유명한데 국제적으로 유명한 자전거 도시이기도 하다. 어쩌면 자전거가 도시디자인을 완성했을 수도 있다. 어디에 살든 상점이 있는 센터는 자전거로 15분 이내 거리에 있다. 60% 이상의 사람들이 자전거로 센터에 온다.

자전거는 단순히 탄소 절감 모빌리티가 아니다. 삶의 질 효과가 높다. 파리에는 시장을 지지하며 '더 나은 이동을 위한 자전거 협회(MDB)'도 시민 주도로 운영한다. 이를 통해 파리는 사람 중심 친환경 도시로 변모 중이다. 최근 유럽의회는 자전거 관련 결의안도 냈다. 핵심은 유럽 연합 회원국에 대해 자전거 주행거리를 2030년까지 두 배로 늘리는 사이클링 촉진 전략이다. 이를 위한 17개의 행동전략도 제시했다. 결의안이 채택한 기타 권장 사항은 ❖안전하게 분리된 자전거 인프라 투자를 늘리고 자전거를 도시 프레임워크에 통합 ❖도로 안전 교육 및 훈련 개선 ❖유럽에서의 자전거 생산 및 부품 생산 지원 ❖자전거 접근성과 경제성을 높일 것 ❖유럽 자전거 루트 네트워크 유로벨로(EuroVelo)와 17개 루트의 개발 가속화 ❖사이클 친화적인 작업장 장려 ❖안전한 자전거 주차 공간과 전기 자전거 충전 지원 등이다. 유럽은 이미 100만 명의 자전거 일자리를 창출했다고 한다. 그러니 우리도 자전거에 대한 관점을 좀 더 복합적으로 볼 필요가 있다.

한국은 어떨까?

한국의 자전거는 2019년 기준으로 연간 600만 톤의 탄소를 감소시키고 있다(20조 원의 예산이 소요되는 전기차 100만 대가 약 167만 톤의 탄소 절감). 자전거 분담률이 유럽 수준인 10%로 증가한다면 1,500만 톤을 감축할 수 있다고 한다. 수송부문 목표 감축량의 48%에 해당한다. 미세먼지도 줄인다. 전기차 100만 대를 보급하면 미세먼지 4톤을 감축하는데 자전거는 이미 926톤을 저감하고 있다. 전기차 대비 230배 수준의 효율이다. 한국교통연구원에 따르면 한국의 자전거 이용자 수는 2017년(최근 데이터 확보못함. 다만 행정안전부 발표자료를 보면 2023년 기준 75개 지자체 789지점에서 총 1,929만 3,298대 통과) 기준 전체 인구의 33.5%이고 매일 이용하는 사람은 330만 명, 시도별로는 광역시 기준으로 대전〉

세종〉울산〉서울 순이다. 한국 도시 중 공유 자전거는 대전의 '타슈'가 시작인 듯. 2009년에 시민 대상 자전거 이름을 공모해서 타슈로 정했다고 한다. 도시 공공 자전거 이름은 대체로 지역 정체성을 나타내는 사투리를 쓰는데 대전은 '타슈', 광주는 '타랑께', 부산은 '타반나' 등이다.

◆ **서울시:** 고 박원순 시장 때인 2015년에 도입한 서울시 공유 자전거 '따릉이'가 있다. 이 공유 자전거는 2011년(오세훈 시장 1기)에 캐나다 몬트리올시의 '빅시' 모델을 따라서 400대 정도 처음 도입한 것의 개선에서 시작된 것이다. 오 시장 사업이 지지부진해 박 시장은 프랑스 파리의 '벨리브(Vélib. 프랑스어로 자전거를 뜻하는 Velo와 자유를 뜻하는 Liberte의 합성어. 1999년 옥외광고업체인 JC Decaux가 개발한 '셀프서비스 임대 자전거'가 원형이며, 2005년 리옹시에서 실시하여 2007년 7월부터 파리도 시행. JC드코가 자전거 공급·수선과 대여소 운영을 담당하고, 그 대가로 파리시로부터 1,600여 곳에 대한 공공 간판 독점사업권을 취득)' 공유 자전거를 모델로 바꿨다. 따릉이는 서울 시민에게 사랑받는 대표 서비스다. 2023년, 따릉이 수는 4만 5,000대고 연 10%는 폐기된다. 강서구, 송파구, 영등포구 순서로 많고 강북구가 제일 적다. 이용자 수는 2023년 기준 누적 1억 2,000만 건

이고 회원 수도 서울 시민 3명 중 1명이다. 누적 탄소 절감량은 2,000톤(30년생 소나무 약 30만 그루 심은 효과).

◆ **상주시:** 한때 영남 중심도시였던 경북 상주는 100년 전부터 자생적으로 자전거 도시가 되었다. 자전거 도시는 기본적으로 15분 도시다. 현재도 가구당 2대(인구수는 약 10만 명)로 전국 평균 4배다. 자전거의 교통 수송 분담률은 서울 등 도시 지역이 3% 내외지만 상주는 자전거 선진국과 맞먹는 20% 정도다. 국내에서 유일한 자전거박물관(2002년 개관)이 있으며 자전거 축제가 열리기도 했다. 지금은 전국 규모의 산악자전거대회가 매년 개최된다. 시내 도로는 자전거가 물결을 이룬다.

◆ **광명, 광주, 아산:** 호수 공원으로 유명한 광명도 새롭게 자전거 테마 도시를 표방하고 있고, 전남 광주 공유 자전거 모델은 '타랑께'다. 아쉽게도 코로나19 여파로 서비스는 현재 중지된 상태라고 한다. 2019년 4월 완공된 아산 태양광 자전거도로는 운행이 중단된 장항선 부지를 발전시설과 주민 편의시설로 활용한 국내 첫 사례다. 대전과 당진시는 교통 공공 데이터 관리와 에코 바이크로 기후 행동을 실천하고 있다. 이동 거리를 계산해 온실가스와 에너지 감축량을 객관적 수치로 표시해 준다.

이들 도시 외에 많은 도시가 자전거 전용도로를 만들고 있다. 기술도 발전해서 태양광, 앱 서비스도 생겨나는 중이다. 각 로컬엔 자전거 성지도 다수 있다. 그러나 〈나무위키〉에서는 "언덕이 많은 한국 지형… 한국에서 교통수단으로서 자전거가 차지하는 비중은 중국, 일본, 영국, 프랑스, 독일 등에 비해서는 턱없이 낮은 수준이며 자전거 인프라도 매우 미진하거나 공무원의 탁상행정 수준이다. 붐비는 시내에서는 이용 환경이 아주 열악하고,…"와 같은 썰렁한 지적을 하고 있음을 곰곰이 생각할 필요가 있다. 자전거 인구가 소폭 줄고 있다는 지적도 있다. 내가 책을 쓰면서 검색하니 자전거 관련 데이터는 타 분야보다 업데이트가 늦은데 정부의 관심 부족인 건지.

걷기

야박하게 말하면 자전거도 기계이니만큼 당연히 탄소를 배출한다. 제조 과정과 폐기에서 그렇다. 도시에는 아파트 단지와 거리 거치대마다 버려진 자전거 수만 대가 흉물스럽게 버려져 있다. 녹이 슬면 그 녹은 빗물에 하천으로 흘러가서 하천을 오염시킨다. 그래서 자전거 외에 걷기 혹은 러닝이 또 다른 인간 모빌리티로 부상 중이다. 운동 효과도 있고 플로깅, 동네 골목 활성화에도 좋다. 웬만한 거리는 걸어 다니는 것도 대안 모빌리티고 기후 시민의 탄소 저감 활동이다. 나도 자전거보다는 걷기를 선호한다. 서울 시내로 나갈 때도 미세먼지만 없는 날이면 두 블록 정도 먼저 내려서 걸어간다. 좀 느리지만 걸으면서 또 다른 세상을 느낄 수 있다. 걷기와 달리기는 여러분이 이미 '하루-만 보' 전문가일 것이다. 걷기를 하면 자연스럽게 만날 수 있는 것이 로컬 푸드다.

여행은 모빌리티로 이루어진다. 모빌리티는 앞서 짚었듯이 탄소 뿜뿜이고. 그럼에도 여행 산업은 비약적으로 커졌다. 2023년 기준 한국의 해외여행 인구가 2,271만 명을 넘어섰다. 2019년의 79% 정도인데 코로나19와 경기 침체 때문이다. 지금은 아마 3,000만 명을 넘을 것이다. 인구 5,000만 국가에서 이 숫자는 이례적이다. 'K-관광 쨍', 하지만 관광수지는 늘 조 단위 적자다. 물론 지리와 정치 환경 탓도 있다. 지자체가 용을 써도 이 아웃바운드-인바운드 불균형은 쉽게 깨지지 않는다. 이것을 관리하는 기구는 한국관광공사, 문체부 산하기관이다. 관광이 과연 문체부 영역인지 산업자원부 영역인지 모호하지만(나는 산업부로 가는 게 맞다고 본다. 예산이 크고 관광 사업에는 기업 역할도 크기 때문이다), 현재는 그렇다.

이 관광을 기후 문제와 관련해서 보자. 일단 이 분야에서는 관광, 여행 두 다른 단어가 나온다. 단어만 다른 게 아니라 세대 관점과 행태도 다르다. 항간에는 관광(tour)은 아저씨, 여행(journey)은 MZ세대 용어란다. 과연 그럴까?

여행 관련 단어들의 어원

여행은 마냥 좋은 것 같지만, 쓴소리하는 학자도 다수 있다.

지금 오버투어리즘 풍조에는 참고할 가치가 충분히 있다. 『골목길 자본론』으로 유명한 연세대학교 모종린 교수는 골목길, 로컬 재생에 진심인데 그는 〈뉴요커〉에 실린 시카고대 철학 교수 애그니스 칼라드가 'The Case Against Travel(여행 반대론)'에서 했던 "여행이 정말 우리를 변화시키는가?" 질문을 소환한다. 그녀의 답은 냉소적이다.

"현재 여행은 부메랑이다. 우리를 시작한 곳에 그대로 떨어뜨린다. 친구가 여행 다녀와도 전혀 달라지지 않는다."

"관광객은 진정한 경험이 아니라 이동만 한다. '프랑스에 갔다'. '모나리자를 봤다'고 하지만 대부분은 모나리자를 단 15초만 본다. 끝까지 이동뿐이다. 우리는 자신의 감정이 아니라 '해야 할 것' 리스트에 복종한다."

읍스, 교수의 '이동만' 지적은 뜨끔하다. 대부분 한국인 여행이 그렇기도 하다. 나도 그랬지만 많은 청년이 '의미 있는 경험'은 멀리 있다고 믿는 경향이 있다. 해외여행을 '광고'하는 수많은 방송, 책, SNS는 그걸 자극한다. "빅….", "30대에 꼭 가봐야 할…." 자극하며 여행을 소비 상품으로 판다. 모종린 교수는 소설가 이슬아의 "내 모든 콘텐츠는 집에서 반경 1킬로미터 안에 있다."란 말도 가져온다. 반경 1km로 돌아와서도 그 안에서 취향에 맞는 것들을 발견할 눈이 생긴다고. 인생 대부분을 동네 언저리에서 사유했던 이마누엘 칸트가 생각나는 대목이다. 이런 쓴소리들 참고하면서 이제 우리 여행(관광) 리추얼을 보자. 먼저 고대의 여행과 어원부터!

현재와는 달리 타지로 돌아다니는 행위는 고대에는 위험했는데 그럼에도 소수 특별한 사람들은 돌아다녔다. 그런 사람들은 호메로스나 헤로도토스, 투키디데스처럼 '신성한 사람들'로 간주했던 듯하다. 돌아다니는 것은 그리스-로마 시대에는 올림픽 참가나 구경, 온천 여행, 중세 시대에는 십자군 전쟁 참가나 성지 순례 등과 관련이 있었다. 근세 들어와서는 철도와 증기선 발명으로 대중들의 관광산업이 본격화되었다. 현대에는 비행기가 압도적이다. 오늘날 관광이나 여행 관련해서 쓰이는 영어 프랑스어 독일어는 다음과 같은 것들이다.

travel: 영국에서는 정주지를 떠나 장소 이동을 의미하는 용어로 'Travling'을 사용했는데, Travail(일, 고생, 노고)의 파생어로 '일을 하다'라는 뜻을 내포했다. Trouble(걱정·고뇌), Toil(고통·힘든 일)과 같은 어원에서 파생되었다고 보기도 한다. "집 떠나면 개고생"이란 한국 표현에 딱 맞는다. '공정 여행(fair travel)'은

이 단어를 쓴다.

Voyage: 고대 프랑스어 'viaje'에서 유래했으며, 라틴어 viaticum(여행을 위한 식량, 준비)에서 비롯된 단어. 여기서 'via(길, 여행)'가 파생되었다. 이후 영어 'voyage'는 특히 먼 거리의 항해나 장거리 여행을 의미한다.

tour: 1300년경, '사건의 전환, 근무 교대, 순환' 등 의미로 사용되었으며, 이는 고대 프랑스어 tor, tour, tourn에서 유래했다. 이들은 회전, 속임수, 순환, 둘레를 의미하며, torner, tourner(돌다)에서 파생했다. '어떤 장소를 돌아다니거나 이곳저곳을 계속해서 돌아다니는 것, 즉 지속적인 산책이나 여행'이라는 의미는 1640년대부터 사용되었다. Tour가 사전에 등장한 것은 1652년경이며(예: Grand Tour), Tourism 혹은 Tourist라는 용어가 처음으로 등장한 것은 1811년 영국에서 발행된 〈스포팅 매거진〉이었다고 한다. Tour de France는 1916년 영어로 기록되었으며, 같은 이름의 자동차 경주와 구별된다. 짧은 여행이나 소규모 여행은 'tourette'(1881년). 연관어는 turn, contour 등이다.

journey: '정해진 여정. 인생의 길'이라는 의미로, 고대 프랑스어

journée(하루의 일 또는 여행)에서 유래. jour(날, 하루)가 어근. 속라틴어 diurnus에서 유래했다. 접미사 -ée는 라틴어 -ata에서 유래했으며, 프랑스어에서는 명사에 붙어 '포함된 양'을 나타내는 명사를 만든다. '육지나 바다를 통한 여행 행위'라는 의미는 1300년경. 중세 영어에서는 하루(1400년경), 하루의 일(14세기 중반), 하루에 이동한 거리(13세기 중반) 의미로 여전히 '하루의 여행'이라는 의미가 컸다. 중세 교회에서는 그날(jour)에 행한 교회 활동을 기록했는데 여기서 journey, journal 등도 파생했다. 오늘날 마케팅에서는 '고객 구매 여정'이란 개념도 쓴다.

이상 영어권 어원으로만 보면 관광(tour)과 여행(journey)이 확연히 구분될 이유는 없다. 한자로 '관광(觀光)'과 '여행(旅行)'이라면 그런 구분이 가능할 수도 있겠다. 그래서 이하에서는 여행과 관광을 구분 없이 관행대로 쓰겠다.

이 장의 제목을 낭만적인 느낌이 나는 '여행'이라고 붙였고 나도 여행(주로 지방 여행. 비행기 타는 거 싫어함) 좋아하지만 그럼에도 여행에 대해 삐딱한 관점으로 다뤄서 미안하다. 젠트리피케이션, 탄소 배출, 과소비, 지역 파괴, 셀피족 등 점점 부작용이 많아서다.

탄소 익룡

스웨덴의 10대 활동가인 그레타 툰베리는 탄소 배출에 심각한 문제가 되는 '비행기 타기'를 포기한다. 2019년 미국에서 수상 기념 연설할 때 친환경 요트를 타고 2주에 걸쳐 4,800km를 항해 해서 갔다. 그녀 가족들도 태양광 설치, 육식 포기를 선언하고 엄마는 기차로 유럽 공연을 다닌다. 이처럼 비행기 타기를 피하는 운동을 '플라이트 쉐임(flight shame. 스웨덴어 flygscam)'이라 부른다. 2017년 스웨덴의 가수 스테판 린드버그가 지구를 위해 항공 여행을 그만하겠다고 발표한 후 퍼졌다. 이런 행동이 나오는 배경 은 2024년 기준 전 세계 여객기가 약 4만~4만 5,000대로 급증했고 비행기 석유 사용과 탄소 배출이 만만치 않기 때문이다. 유럽환경청 자료에 의하면 승객 한 명이 1km를 이동할 때 배출하는 이산화탄소가 기차는 14g, 버스는 68g, 자가용 150~190g, 비행기는 285g으로 기차의 20배다.

📧 **크루즈의 비밀:** 시애틀-알래스카까지 7일간 여정의 크루즈에 탄 개인이 표준 2인실 객실에 머물면, 차나 기차로 시애틀을 방문하는 개인의 평균 탄소발자국보다 최소 8배 더 많다. 이 외에도 긴 항해 시간, 엄청난 음식물 쓰레기, 기름 유출, 엔진 소음과 프로펠러로 인한 바다 생태계 교란 등 이유로 이탈리아 베네치아는 입항 금지(2021년), 네덜란드 암스테르담은 2035년까지 전면 폐지 선언(2023년), 스페인 바르셀로나도 규제에 동참했다(2023년). 그런데 우리나라의 환경재단은 20년간 '그린

보트(크루즈 환경 여행)’ 프로그램을 운영해 여러 환경단체가 항의 중이나 강행하고 있다.

‘탄소 예산’은 2030년까지 치명적인 수준의 지구온난화를 막기 위해 지구가 연간 배출이 허용되는 탄소량을 말한다. 현재는 1.5도 온도 상승만(사실 2024년에 이미 깨진 숫자다)을 목표로 할 때 남은 탄소 예산은 고작 2년치에 불과하다. 세계는 지금 연간 이산화탄소 405억 톤을 배출한다. 비행기가 탄소를 많이 배출하는 것으로 알려지면서 플라이트 쉐임 캠페인에 동참하는 시민들이 늘고 있는데 이들은 비행기보다는 기차 타기, 국제회의는 화상 회의로 대체, 비행기를 꼭 타야 한다면 승객을 많이 싣는 항공편 타기, 이코노미석 타기, 수화물과 해외 직구 줄이기 등의 실천 행위들을 선택한다.

여행은 인간의 성장에도 필요하고 한 지역의 개방화에도 필요하다. 제러미 리프킨이 쓴 책(『유러피언 드림』)을 보면 영국이 섬 국가에서 유럽의 문명국가로 성장하게 된 데는 일명 ‘그랜드 투어’라는 계기가 있었다. 영국 귀족들이 자제들을 프랑스, 이탈리아로 여행을 장기간 보내 문물을 배우고 수입하게 한 것이다. “여행은 서서하는 독서고, 독서는 앉아서 하는 여행”이라는 조정래 작가의 말을 십분 인정하지만 지금 이 책을 쓰는 시점에 내 페친 중 20% 이상이 해외에 나가 있는 것은 비정상에 가깝다. 한국인의 관광수지 적자는 2024년까지 매년 증가했다. 한국관광공사에 따르면, 2025년 1~5월 관광수지 적자만 43억 7,580만 달러(한화 약 6조 원)다. 2024년 관광수지 적자는 100억 3,820만 달러(한화 약 13조 8,000억 원)로 2018년 이후 처음으로 100억 달러를 넘어섰다. 한국의 2025년 외래 관광객은 1,800만 명을 예상한다. 적자도 엄청나지만 그만큼 비행기 탄소를 뿜뿜한 셈이다. 내용을 보면 대체로 과시 욕망에 모방 소비, 보복 탈출이다. 에어비앤비 같은 공유 민박 서비스와 값싼 민항기 덕분에 여행객은 더 늘었다. 한국은 삼면이 바다고 북쪽은 막혀 해외 여행하려면 불가피하게 비행기를 타야 하지만 그럼에도 플라이트쉐임 노력은 얼마든지 가능하다. 점점 좋아지고 있는 국내 지역 여행도 대안이다. 한국은 3,000개 이상 섬이 있는 나라다. 몰디브나 피지섬에 가는 당신은 혹시 울릉도, 백령도, 흑산도, 신안 퍼플섬, 가파도, 추자도에 가 보았나? 지리산 삼성궁, 군위 사유원, 제주도 탐라 공화국, 충주 깊은 산속 옹달샘, 한국 100대 명소는? 또는 로컬 탐사 여행으로 임실이나 완주, 홍성, 새만금은?

캠핑카

2020년 기준 캠핑 인구가 700만 명(일본은 현재 900만 명. 최대는 1996년에 1,580만 명. 일본은 '자연학습' 캠프를 초·중학교 교과과정에 포함. 공공이 운영하여 규칙과 설비가 체계적)으로 늘었다. 캠핑카는 2022년 기준 2만 대. 낭만적인데 차체가 무겁고 옵션이 많이 붙고 전기 배터리를 쓰는 경우가 많다. 탄소를 많이 뿜으며 (현재 탄소나무계산기는 캠핑카를 따로 분류하지 않고 있다) 주차에 애로가 많다. 여행지 파괴 현상도 문제다. 코로나19 때 서핑의 성지라는 양양을 갔었다. 입구 도로에 플래카드가 보였다. '우리는 여러분에게 추억을 드렸는데, 여러분은 우리에게 쓰레기만 주십니까'. '응, 뭐지?'하면서 양양 해변에 갔는데 주차장 앞을 큰 바위로 다 막아 놨다. 아니, 여행지가 무슨 일? 했는데 설명 팻말이 붙어 있다. 캠핑카들이 불법 주차하고 쓰레기 오물 투척 심지어 배변 등으로 불가피하게 막았다는 내용이다. 주차장을 막았더니 동네 야산이나 공터에 불법 주차하고 쓰레기와 오물(배변)을 버려 그걸 치우느라고 주민들이 더 곤욕이라는 말도 들었다. 게다가 캠핑카들은 대체로 여행지 호텔을 이용하지도 않고 먹거리도 도시 마트에서 사서 간다. 주민들 쪽에서 보면 탄소와 X만 싸러 오는 것이다. 남의 집 담 너머 불쑥 들이대는 카메라로 생기는 주민 노이로제 등도 폐해다. 손님은 일회성 해방인데 주인은 수십 년 로컬 삶의 파괴가 되는 것이다. 지역 여행은 좋은데 캠핑카가 사랑받으려면 자체 태양광 패널 설치, 저탄소 설비, 분리 수거, 예의,

로컬 애용 등 노력이 필요해 보인다.

대안으로서의 여행 문화

관광산업은 전 세계적으로 매년 10%씩 성장하는데 관광 이익 상당 부분은 G7 국가에 속한 다국적 기업(다국적 호텔업과 클럽 메드, 아만, 아코르, 샌즈 그룹, MGM, 테르메 그룹 등 프리미엄 리조트 그룹)에 돌아간다. 2024년 글로벌 리조트 시장은 1,826억 달러다.[1]

이익도 이익이지만 주민 피해, 환경, 문화 유린 등 문제도 크다. 인생 로망, 버킷 리스트에 들어가는데 과소비, 위화감, 환경과 지역 정체성 파괴, 탄소 배출 문제는 거론조차 되지 않는다. 가성비를 추구하는 보통 여행객은 물론 이런 대상에서 제외된다. 이에 대한 대안으로 나온 것이 공정 여행이다. '공정 여행(fair travel)'은 개발도상국 생산자와 선진국 소비자가 대등한 관계를 맺는 공정

---

1   클럽 메드는 파리에 본사를 둔 여행 및 관광 회사로 올 인클루시브(숙박, 식사, 음료, 액티비티를 포함한 종합적인 휴양 서비스를 제공) 휴가를 전문으로 한다. 1950년에 설립. 2013년부터 중국 대기업 포순 그룹(Fosun Group)이 대부분 소유. 전 세계 휴가지에서 약 80개의 리조트 빌리지를 운영한다. 스위스에 본사를 둔 아만(산스크리트어로 '평화')은 싱가포르 사업자가 창업해 현재 전 세계 20개국에 30개 고급 리조트를 운영 중이다. 아코르는 프랑스계 호텔 체인으로 전 세계 110개국에서 39개 브랜드, 5,100여 개 호텔을 운영한다. 테르메 그룹은 오스트리아 국적이다. 이들을 유치하는 것은 자국 땅과 문화를 할양 즉 리조트 식민과 같다.

무역(fair trade)에서 따온 개념으로, '착한 여행'이라고도 한다. 여행에서 초래된 환경 오염, 문명 파괴, 낭비 등을 반성하고 현지 주민들에게 도움을 주자는 취지에서 2000년대 영미권에서 먼저 추진했다.

공정 여행 기업인 '트래블러스맵'에서는 ❖현지 자연과 문화 자원을 존중하는 책임 관광, ❖지역 주민 참여 및 이익 창출이 동반되어 관광에 의한 환경 및 사회문화적 영향을 관리하는 생태 관광, ❖경제/환경/사회문화의 지속 가능성을 모두 포괄하는 공정 여행 세 조건을 꼽는다. 보통 관광객은 비행기를 이용하여 많은 탄소를 배출하며 현지인보다 훨씬 많은 쓰레기를 배출하고 값비싼 전기, 수도 등을 사용한다. 유명한 기념품이 멸종 위기 동물로 만든 상품일 수도 있다. 앞에서 말한 고급 호텔 & 리조트는 젠트리피케이션(gentrification. 영국의 중산계급 상층부인 Gentry에서 유래. 도심 인근의 낙후 지역이 활성화되면서 외부인과 돈이 유입되고, 임대료 상승 등으로 원주민이 밀려나는 현상)을 일으켜서 현지인들을 쫓아내기도 한다. 이것은 제3 세계 국가만 해당하는 것은 아니다. 그리스, 스페인, 일본 등 선진국 현지인들도 젠트리피케이션, 고유문화 파괴 등으로 여행 반대 시위를 하기 시작했다. 한국은 2009년 처음으로 '착한 여행' 상품이 생겼다.

내가 공정 여행 개념을 처음 접한 것은 서울혁신파크에 입주했던 '공감 만세'라는 공정 여행 회사의 고두환 대표를 만나고 나서부터다. 고 대표는 한국, 일본, 베트남 등을 잇는 공정 여행을 주도하고 있었다. 최근에 그는 우크라이나, 튀르키예 등 현지 난민을 돕고 한국에서는 고향사랑기부제 활성화 프로젝트 일을 하고 있다. 그의 마음을 따라서 나도 지역 여행을 가면 현지인에게 피해를 주지 않고 존중하며 현지 물건을 제값 쳐서 사고 그들의 이야기를 들으려고 한다. 가끔은 엉터리 로컬, 바가지 상혼에 속지만 'I still love you.'

다음은 공정 여행 십계명인데, 이 중에서 기후 시민과 관계된 것은 1, 2, 4, 5번이다. (최근 다녀온 몽골 여행에서 나는 1, 2, 4, 5, 7만 지킨 듯.)

공정 여행 십계명

1. 현지인이 운영하는 숙소와 음식점, 교통편, 여행사를 이용한다.

2. 멸종 위기에 놓인 동식물로 만든 기념품(조개, 산호, 상아)은 사지 않는다.

3. 동물을 학대하는 쇼나 투어에 참여하지 않는다.

4. 지구온난화를 부추기는 비행기 이용을 줄이고, 전기와 물을 아껴 쓴다.

5. 공정 무역 제품을 이용한다. 지나치게 가격을 깎지 않는다.

6. 현지의 인사말과 노래, 춤을 배운다.

7. 여행지의 생활 방식, 종교를 존중하고 예의를 갖춘다.

8. 여행 경비의 1%는 현지의 단체에 기부한다.

9. 현지인과 한 약속을 지킨다. 약속한 사진이나 물건은 꼭 보낸다.

10. 내 여행의 기억을 기록하고 공유한다.

6부
기술과 혁신

17. 행성성과 블루 테크놀로지

18. 非電+生電 - 탈전력과 에너지 생산

19. 메타버스 – 가상 공간의 기후 가능성

17. 행성성과 블루 테크놀로지

민주 시민 VS 기후 시민

주주 중심 경영 VS ESG 경영

저렴한 에너지 소비 VS RE 100

적색 경제 VS 녹색 경제 VS 청색 경제

…

이 대립하는 둘은 다른 언어다. 언어가 다르면 사고가 달라지고 사고가 바뀌면 언어도 달라진다. 지구의 기후 문제를 행성의 문제로 푸는 철학자들의 '행성성(Planetarity)' 언어를 소개한다. 행정어에 밝은 공무원들에게는 좀 생소하고 언어도 불분명한 담론일 텐데 '지구가 인류에게 보낸 편지'도 이 시각으로 풀어 본 것이다. 여기서 지구는 우리가 흔히 쓰는 어머니 지구가 아니다.

행성(planet)은 그리스어 planétai(방랑자. 떠다니는)에서 유래했다. 바다를 부유하는 플랑크톤도 여기서 파생한 단어다. 고대에는 태양, 달, 별의 배경을 가로지르는 수성, 금성, 화성, 목성, 토성을 가리켰고 신과 연결되어 해석되곤 했다. 지구 자체는 16~17세기 지구 중심설 때 비로소 행성으로 인식되었다. 온라인 어원사전 〈etymoline〉에 따르면 world는 고대 게르만어에서 '인간(wor)'과 '나이(ald)'의 결합어로 인간이 사는 시대나 세계를 뜻하며, globe는 둥그런 덩어리이고 earth는 흙, 대지를 뜻했다. 이 중에서 행성이 우주적 존재와 통한다. 최근에 대두한 '행성성 담론'은 지구와 인간, 그리고 비인간 존재들이 얽힌 관계를 새롭게 해석하고 상상하는 현대적 논의의 틀이다. 인간 중심적 시각을 넘어, 비인간 존재의 주체성과 자율성을 인정하는 방향으로 확장되며 기후 위기, 생태계 붕괴, 인간 중심주의의 한계 등 문제의식에서 출발해, '행성성' 개념을 중심으로 다양한 학문적·문화적 담론이 전개되는 중이다. 창작물에서도 양자경이 주연한 영화 〈에브리씽 에브리웨어 올 앳 원스(Everything Everywhere All at Once)〉(2022)처럼 인간과 비인간, 그리고 우주적 존재들과의 관계, 존재의 의미, 미래적 상상력 등으로 확장되고 있다. 영화는 여기에 평행 우주 같은 개념도 양념으로 집어넣었다.

근대 세계의 형성 연구자인 시카고대 교수 디페쉬 차크라바티는 '행성적 역사성 체제'를 제안했는데, 역사 내 인간 활동이 행성 차원에서 이해돼야 한다는 주장이다. 가야트리 스피박(컬럼비아대 비교문학 교수) 같은 탈식민주의·비판 이론가는 '행성성 팔기' 주제로 기존의 지배적 서사에서 소외된 서발턴(subaltern)의 목소리를 들리게 하고, 실천적으로 행성적 돌봄과 연대 필요성을 강조한다. 인도 출신인 스피박은 다음과 같이 주장한다.

"지구화(Globalization)와는 다른 차원에서 행성을 보라."

지구는 인간이 경제적·정치적 이익을 위해 구획을 나누어 사용하는 공간이고, 행성은 자연적 공간으로 인간의 영향을 벗어난 독립적 존재다. 우리는 그 행성을 그냥 지구로 이용해 왔다. "행성 지구는 인간이 필요 없다. 그러나 인간은 지구가 필요하다." 스피박은 행성성이 실재하는 무엇인가를 가리키는 게 아니라 (플라톤의 '이데아' 혹은 빅뱅 이론 같은) 상징, 해석의 틀로 본다. 이를 통해 기후 위기 같은 거대한 재난 앞에서 기존의 생각 방식을 바꾸는 실천을 하게 할 해석학적 지평을 열어야 한다며.

기술 측면에서 보면 이 행성성 철학을 담은 게 블루 테크놀로지가 아닐까 싶다.

블루 테크놀로지

"자연은 최고의 스승이자 발명가입니다. 자연에서 영감을 얻어 만드는 첨단 기술, 즉 청색 기술(Blue Technology)이 미래에 새로운 성장 동력이 될 것입니다."

국내 청색 기술 분야의 최고 권위자인 이인식 '지식융합연구소' 소장의 말이다. 이 소장님은 코로나19 직전에 아시아문화의 전당 콘텐츠 개발 프로젝트 때 몇 번 만났고 강의도 들은 바 있다. 이메일 정보도 간헐적으로 받고 있다. 근 80세인데 그 열정과 단호함은 강

렬하다. 그 덕분에 청색 기술에 관심을 가지게 되었다. 이 내용을 행성성 장에 넣은 이유는 지구=행성=생명으로 보았기 때문이다.

청색 기술은 행성 지구가 낳은 생명체의 기본 구조와 원리를 모방 응용한다. 청색은 벨기에 환경운동가 겸 ZERI 재단 이사장으로 『산양과 신비한 샘물』, 『얼룩말 에어컨』 등을 쓴 군터 파울리가 2010년 『청색 경제』에서 처음 제시한 개념이다. 그는 4차 산업혁명까지 이어 온 탄소 기반 적색 경제를 비판하는데 대안으로 나온 녹색 경제도 환경보호 비용이 수반된다고 본다. 그의 대안은 자연모방(Biomimicry)을 통한 무탄소 청색 경제다. 이를 통해 환경보호 + 더 나은 물질적 풍요가 가능하다는 것이다. 이 경제는 해양 기반 기후 기술과 해양 탄소 흡수 연구 지원, 인류에게 또 하나의 곡물인 해조류 양식 산업 육성, 바다 생태계 복원을 위한 해양 보호 구역 확대로 자연 자원 개발 등이 포함될 수 있다.

'청색 기술'은 이 소장이 응용한 용어다. 야자수를 모방한 풍력 터빈 날개, 플라타너스 씨앗에서 모티브를 얻은 천장용 선풍기, 거미가 거미줄 만드는 방법을 본뜬 스판덱스 섬유, 도꼬마리의 갈고리 모양 돌기에서 착안한 벨크로(찍찍이), 물총새 부리를 모방해 소음을 줄인 신칸센, 솔방울의 습도 반응 구조에 착안한 운동복 직물, 해조류 원리를 활용한 인공 나뭇잎(수소 에너지를 쉽고 저렴하게 얻음), 맹금류를 모방한 프로펠러 소음 억제 기술, 물포나비 구조색 발현을 모방한 광결정 소자 등도 청색 기술 작품이다. 글로벌 리서치사 〈BIS Research〉 보고서는 2017년 68억 달러 규모였던 이 시장은 2028년 185억 달러 규모까지 성장할 것으로 예상한다. 재료과학, 건축학, 물리화학, 뇌과학, 디자인 분야에 활발하게 응용되며, 예로 디지털에서는 인간 뇌를 모방한 뉴로시냅틱 컴퓨터 프로세스, 물리학에서는 DNA 구조 모방 건축물, 자정작용 연잎 모방 메모리 소재, 생물학에서는 인공 전자 피부, 홍합 접착 모방 순간 조직 접착제 등도 큰 성과다.

청색 경제나 기술은 레오나르도 다빈치가 새의 날개를 모방해 비행기를 만들려고 했듯이 인간이 발전시킨 기술의 영감은 대부분 자연에서 온 것이니 그다지 새로운 경제 철학은 아니다. 다만 무탄소 경제를 지향한다는 점에서는 긍정적이다. 개미와 진드기 관계처럼 한 개체의 쓰레기를 다른 개체가 활용하는 무탄소 성장=순환 경제의 주장은 기후 위기 시대에 주목할 만하다.

자연 속에 더 친밀하게 있는 지역(대학교)은 그 지역 특성화 기술과 디자인, 청색 문화로 관심을 가질 수 있다. 고향 사랑 기부제 같은 것들이 이런 청색 기술과 연계되면 기부도 늘어날 것 같다. 지금처럼 고향 사랑만 강조되면 안 되고 기후 행동=청색 기술 같은 기부할 만한 콘텐츠가 있어야 한다.

18. 非電+生電 - 탈전력과 에너지 생산

이제 전기 에너지 얘기를 하자. 그리스어 energeia(활동, 행위, 작용)를 아리스토텔레스는 실제, 현실이라는 의미로 썼으나 라틴어에서 이는 잘못 이해되어 '표현의 힘' 정도로 활용했다. 영어에서 에너지=힘의 의미는 1660년대, 과학적 사용은 1807년부터로 알려졌다(출처: etymonline). 탄소 중립에서 핵심은 화석연료를 태우는 에너지 문제다. 그중에서도 전기. 빛과 열 생산에 통신까지 맡는 전기는 원료를 태우거나 파괴하여 만든다. 전기를 생산하는 발전소는 우리가 사는 곳과 너무 떨어져 있어 사실 우리는 그 진실을 제대로 모른다. 전기 가격이 싸니 마구 쓰는데 지구는 1998년에 제작된 스릴러 영화 〈나는 네가 지난여름에 한 일을 알고 있다〉처럼 나중에 그 가격을 후불 청구하려고 벼르고 있지나 않을지!

전기가 만들어지는 곳의 실상

서울에 사는 당신이라면 발전소를 모를 것이다. 한국은 2023년 6월 기준으로 61기의 석탄화력발전소가 가동되고 있다. 영흥 1~6호기, 태안 1~10호기, 당진 1~10호기, 보령 3~8호기, 신보령 1~2호기, 신서천, 여수 1~2호기, 하동 1~8호기, 삼천포 3~6호기, 고성하이 1~2호기, (신규) 삼척블루파워 1~2호기, 북평 1~2호기, 동해 1~2호기, 강릉안인 1~2호기 등에 있다.

전기 사용량이 많은 수도권과 가까운 인천, 충남 등에 몰려 있다. 특히 절반 이상(61기 중 31기)이 충남이다. 총발전량에서 석탄 화력발전이 차지하는 비율은 2023년 기준으로 37.9%로 에너지원 중 비중이 두 번째다. 원자력은 25기로 44.0%, LNG 16.0%, 수력과 석유는 매우 낮아 2.1%. 석탄 주요 수출국인 호주와 독일을 제외하면 한국에 석탄 화력발전 비율은 매우 높아서 기후 악당 국가라는 기분 더러운 훈장(?)도 받았다. 석탄 화력발전은 이산화탄소뿐만 아니라 (초)미세 먼지를 생성하는 질소산화물과 황산화물 등 다양한 오염물질을 배출한다. 한국의 석탄 화력 발전량은 전 세계 석탄 화력 발전량의 2.4%를 차지하여 중국, 미국, 인도, 일본, 독일 다음이다. 한국인 전력 수요량은 폭염 때문에 점점 늘어나는 중이다.

이것들은 국가적인 에너지 전략 문제이고 개별 기후 시민이 할 수 있는 전기 관련 실천은 다음 두 가지다. 둘 다 기후 소득을 올리는 방법이기도 하다.

1. 비전(非電)- 전기를 안/덜 쓰는 것

2. 생전(生電)- 전기를 생성하는 것

비전 방법

다음은 우리도 잘 아는 것인데 잘 실천 안 하는 방법이다.

◆ 대기 전력 차단- 안 쓰는 콘센트는 스위치를 꺼 두자. 전기를 안 써도 전기가 새 나간다.

◆ 집 안 전등은 지금보다 반만 켜자.

◆ 두 번 보지 않을 메모리는 모바일과 PC에서 부지런히 삭제하자. 자주 이용하는 사이트는 즐겨찾기에 등록해라. 동영상이나 음악의 경우 스트리밍보다는 다운로드가 탄소 발생을 줄인다. 디지털 세상의 탄소 배출량은 생활 쓰레기의 탄소 환산 배출량에 버금간다. 메타의 지속 가능성 보고서에 따르면 메일 한 통에 4g의 탄소가 배출된다. 전 세계 e메일 이용자는 총 23억 명, 이들이 메일을 10개만 지워도 172만 5,000GB의 저장 공간이 절약되고 전기량도 줄일 수 있다. 글로벌 데이터 기업의 데이터 센터는 건설 증가로 탄소 배출량이 점점 늘고 있으며 AI는 현재 기준 일반 검색 엔진의 10배 전기를 소비한다. 글로벌 데이터 기업의 데이터 센터가 밀집한 아일랜드 같은 나라는 이미 비상이 걸렸다.

◆ 엘리베이터 버튼을 자꾸 누르지 말자. 누르는 만큼 전기를 쓴다.

◆ 해외 주문은 국경을 넘어오는 동안 엄청난 전기와 탄소를 쓴다. 커피, 와인, 해외 과일도 마찬가지다. 아마존을 너무 이용하지 말자.

◆ 석유 난방 대신 찬 공기가 들어오는 곳은 막고 옷을 더 두껍게 입자.

어떤 것은 쉽고 어떤 것은 몰랐던 것이고 어떤 것은 짜증도

날 것이다. 그럴 때는 다시 니체의 어린아이를 생각하자! 사실 비전(非電) 방법은 쉽다. 트럼프의 깡패 정책처럼 전기료를 지금보다 두 배 이상 올리면 가정과 산업용 전력수요는 줄어든다. 한국 중산층의 전기 과소비는 공공 전기요금이 싼 데도 이유가 있다. OECD 국가의 전체 평균을 100이라고 하면 한국의 가정용 전기요금은 54, 산업용은 66에 불과하다. 한국은 캐나다, 미국에 이어 1인당 전기 소비량이 세계 3위다. 산업용이 53%, 공공기관이나 가게가 32%, 가정용이 15%다. 대형마트에 가 보라. 한여름인데도 냉동고 옆을 지나갈 때 서늘한 공기가 흘러나와 추위를 느낄 정도다. 여름철에 냉장고 문을 달지 않는 것 하나로 전력 사용량은 최대 3배까지 상승한다. 한전과 대한설비공학회 공동 연구 결과 마트 등 전국 약 11만 개 매장에 설치된 50여 만 개 개방형 냉장고에 문을 달 경우, 약 2,270GWh의 전기를 아낄 수 있을 것으로 추산됐다. 이는 약 61만 6,000가구의 연간 전력 사용량에 해당한다. 한 개 중소 도시가 1년간 사용할 수 있는 막대한 전력량이다. 이 추세로 가면 전기요금은 결국 오르게 되어 있다. 원인은 습관을 바꾸지 않는 우리 탓이다.

생전의 방법

태양은 무한한 에너지원이다. 폭염 기간이 늘면 아이러니

하게도 태양광 효율은 늘어난다. 산업통상자원부 발표에 따르면 2024년, 발전 비중은 원자력이 31.7%로 18년 만에 최대 전원이 되었고 가스와 석탄 각 28.1%, 신재생에너지(태양광, 풍력, 연료전지, 바이오매스 발전 등)가 10.6%였다. 신재생에너지가 처음으로 10% 대를 돌파했다. 그러나 이 수치는 다른 선진국에 비하면 여전히 낮다. 스페인은 재생에너지 발전 설비용량 비중이 전체의 66%에 육박한다.

한국에서 태양광을 생활 속에 옮겨서 성공한 공동체 사례로 서울시 동작구 성대골과 전남 신안군 '햇빛 연금 프로젝트'가 손꼽힌다. '에너지 전환 마을 성대골(상도 4동)'은 일본 후쿠시마 원전 사고를 계기로 2011년부터 마을 차원에서 에너지 전환 운동을 전개했다. 국내에서 '그린 뉴딜'(부록 16. 참조)이 공론화되기 이전부터 2050 탄소 중립을 목표로 내걸었다. 운동의 핵심축은 주민 중심 협동조합이다. 전남 신안군은 유인도 72개, 무인도 932개의 '천사섬' 지자체다. 그중에 컬러 마케팅으로 유명한 퍼플섬-반월섬도 있다. 기후 시민이라면 신안군이 벌이는 신재생에너지 사업과 협동조합 운동도 눈 크게 뜨고 들여다볼 필요가 있다. 신안군은 현재 지역민이 안 쓰는 맹지, 염전 등을 활용해 태양열 패널을 설치하고 주민들이 인당 만 원 투자 조합원으로 참여해서 배당금을 지급하는 '햇빛 연금제', 이른바 '신재생에너지 개발 이익 공유제'를 시행한다. 배당은 지역화폐 형식으로 3개월 단위 연 4회씩 평생 지급하는데(2021년 기준 안좌면 주민 3,000여 명에게 총 14억 원 지급) 주민들의 만족도가 높고 귀촌 유인 효과도 높였다. 여름이 길어지고 패널 효율이 높아지면 배당금은 더 늘어난다. 저출산에 대응하기 위해 만 7세 미만 영유아에게는 배당금 1배를 추가 지급하는 조례도 개정했다. 2023년까지 중도, 비금도, 신의도 등에 900MW 규모의 태양광발전소를 추가 건립하는 등 재생에너지 보급 확산으로 인구 증가와 주민 만족, 기후 위기에 대응하는 일타삼피 정책을 추진 중이다. 한국은 바다 섬뿐만 아니라 호도(湖島), 강도(江島)도 많다. 지역 주민과 공무원이 ESG 머리를 쓰면 생전이 얼마든지 가능하다.

경기도는 2023년 공동·단독주택에 미니 태양광 설치비를 90% 지원한다. '미니 태양광 보급지원 사업'은 태양광 모듈, 마이크로인버터, 거치대를 아파트 베란다 또는 단독주택 옥상에 설치해 도민이 에너지 절약과 체험에 직접 참여하는 사업이다. 2022년까지 공동주택 8,466가구에 미니 태양광 시설을 설치했다. 패널 한 장(355W 기준)당 전기료는 연평균 8만 4,000원 절감(최대 21만 6,000원)된다. 2025년에는 공동주택 옥상에 태양광 발전설비 설치를 지원하는 '옥상형 태양광 시범 사업'을 새롭게 추진해 총 2개 단지에 단지당 최대 120kW 상당의 발전 설비 설치비를 지원한다. 선택 사항으로 동별 50% 이상 세대 참여 시 베란다형 미니 태양광도 지원한다. 발전 설비를 통해 주차장 조명이나 계단·복도 등 공용부에 사용되는 전기에 대한 부담을 줄이고, 입주민들의 전기료 절감 체감 효과를 기대하고 있다. 좋다. 그런데 규모는 아직 미미하다. 1,500만 인구가 사는 경기도인데?

이들은 말하자면 에너지 프로슈머라고 할 수 있다. 기업에서 쓰이는 '프로슈머(producer와 consumer의 합성어. 남들이 제작하거나 상업용으로 제작한 음악, 게임, 영화 등 콘텐츠를 즐기는 소비자인 동시에 스스로 전문가용 소프트웨어나 기기를 이용해 콘텐츠의 제작자가 되기도 하는 사람들을 지칭. 앨빈 토플러가 『제3의 물결』에서 처음 사용)' 개념을 에너지에 접목한 것이다. 내가 서울혁신파크에서 만난 대안에너지 개발자 강신호 박사는 항공회사 부장 출신인데 폐자전거를 이용해 전기를 만들어 커피를 끓이고 세탁기를 돌린다. 음식물 쓰레기로는 부탄가스를 만든다. 지자체가 노력하면 이런 과학 기술을 이용해 에너지 프로슈머를 늘릴 수 있다.

19. 메타버스 – 가상 공간의 기후 행동

앞에서 야생 이야기를 했는데, 이번에는 완전히 다른 버스 세상으로 가 보자. 코로나19 때 뜨거웠다가 지금은 다소 열기가 식은 메타버스! 이것은 재택근무, 15분 도시와 도심 지대(地代) 하향, 워케이션 등과 맞물리는 혁신 기술인데 아직 공무원들이 그 가치를 모르는 것 같다.

메타버스는 메타(meta)와 유니버스(universe) 합성어다. '이 현실을 넘은 세계'란 뜻이다. 1992년 닐 스티븐슨의 SF소설 『스노우 크래쉬』에 아타바, 세컨드 라이프 등과 함께 처음 소개되었다. 분류는 2006년 미국의 '미래가속화재단(ASF)'에 의해 처음 시도되었고 결과는 2007년 1월에 발표됐다. 재단은 메타버스를 네 개로 분류, ❖가상현실, ❖거울 세계, ❖증강현실, ❖라이프로깅으로 나눴다. 그로부터 15년이 지나 코로나19도 터지고 마침 엔비디아의 CEO 존슨 황이 "이젠 인터넷 다음으로 메타버스가 세상을 지배할 것"이라고 선언하면서 큰 관심을 받았다. 한국에서는 김상균 교수가 이를 받아서 『메타버스』, 『메타버스 새로운 기회』라는 책을 연달아 냈다. 그리고 한국은 미국과 함께 메타버스 양대 기술 강국이다.

메타버스의 ESG 활용

일반인들은 메타버스를 가상현실과 동일시한다. 가상현실(VR)은 '아바타를 이용해서 사회활동이나 산업 활동이 가능한 이미지 현실'로 정의된다. 2D, 3D 버전이 있고 PC, 모바일 전용과 병용 버전이 있다. Z세대와 알파 세대의 놀이터로 흔히 불리지만 새로운 창업의 기회 장으로서 소통과 체험을 중심으로 하는 5차 산업 시대를 리드할 가능성도 크다. 페이스북은 회사 이름을 메타로 바꾸면서 세계인의 재택근무를 지원하는 인피니트 사무실을 기획했고 2030년에 세계 시장을 1,700조 원으로 전망하기도 했다.

메타버스에 불을 붙였던 젠슨 황과 마크 저커버그는 이제는 AI에 빠졌는데 나는 메타버스도 앞으로 활용 가치가 크다고 본다. 가상현실을 기업은 새로운 수익 수단으로, 지자체는 홍보 수단으로 보고, 개인들은 체험과 MZ세대 크리에이터 수익 수단으로 보는데 기업이 볼 때는 물론 이런 기능이 있지만 기후 위기 시대 공무원이라면 메타버스 가치는 ESG와 관련해서 특히 주목해야 한다. 왜냐고?

우리는 현실을 살면서 많은 시공간, 정체성 등 존재의 벽에 갇혀 산다. 갑자기 내가 부다페스트나 아이슬란드에 갈 수도 없고 내가 꿈꾸는 방을 소유할 수도 없다. 이동에 시간도 많이 들고 돈도 많이 들며 안전하지도 않다. 게다가 새로운 잘파세대(Z세대와 알파세대를 아우르는 신조어)는 이미지를 자연스럽게 콘텐츠로 받아들이는 세대다. 메타버스를 이용하면 순간 이동성을 극대화함으로써 긴 거리 이동에서 오는 시간과 비용, 탄소를 크게 줄일 수 있다. 가상 회의·행사로 이동 최소화(공공 메타버스 플랫폼 구축), 디지털 트윈 도시 계획(Digital Twin 도시. 재미와 효용을 갖춘 가상 민원 서비스), 메타버스 기후 교육과 체험, 고향사랑기부제/워케이션을 유도하는 고향 메타버스/워케이션 구현 등의 방법으로 말이다. 건물이나 오피스를 새로 짓는 대신 직방처럼 가상 건물과 가상 오피스를 만들어 자원 낭비를 막을 수도 있다. 더불어서 시간과 공간 개념도 수정이 불가피해진다. 뉴욕시립대 경제학과 폴 크루그먼 교수는 "메타버스로 도심 부동산 가격 하락과 탈도심이 가속화될 것"으로 전망했었다. 이어서 오는 것은 인류가 처음으로 경험하는 원격(재택, 워케이션 등) 근무, 원격 교육, 원격 소통과 원격 진료 등 원격 사회라며.

메타버스 중 거울 세계에 속하는 기술이 화상 설루션이다. 나는 줌과 같은 기술을 제공하는 한국 회사 ㈜구루미의 화상사회연구소장으로 3년간 근무한 바 있다. 비상근 소장을 하면서 내가 알게 된 화상 설루션은 웹 RTC(Real-Time Communication. 실시간 통신 기술) 기술을 이용하여 앱을 다운받지 않고 간단한 클릭 몇 번으로 접속할 수 있는 스트리밍 기술이 핵심이다. 나는 앞으로 가상현실보다 화상 설루션이 대중 삶에 더 변화를 불러올 것으로 본다. 화상 강의나 화상 회의는 다 경험해 봤을 것이지만 서비스 내용은 AI와 결합해 점점 다양해진다. ㈜구루미가 최초로 오픈한 '캠스터디(온라인 독서실)'는 주로 30대 여성, 취준생 공시생들이 오프라인 독서실이나 카페를 가는 대신 이 가상 독서실에서 공부한다. 누적 이용자는 수백만이고 유사 사이트도 등장했다. 구루미는 오픈 AI의 최대 투자사인 마이크로소프트사 애저 플랫폼과 협업하여 GPT 활용 서비스도 제공한다. 나는 화상 설루션을 활용한 국민 소통 플랫폼을 만들어 거기서 정보 공유, 교육, 토론과 회의 등이 이루어지면 취미 공동체, 새로운 공부법, 탄소 마일리지 완화에 큰 도움이 될 것으로 전망한다. 101클래스나 패스트캠퍼스(660여 개 강좌, 7년간 누적 매출 1,400억 원) 등이 일단 그런 목적의 초기 서비스를 하는데 참여자나 콘텐츠가 제한적이고 회의 기능은 없거나 약하다.

화상 큐레이터

화상 설루션=거울 세계는 현재로도 우리 일상을 바꾸고 있다. 코로나19로 우리는 그 편리성을 이미 체험했다. 화상 교육부터, 화상 회의, 화상 방송, 랜선 회식, 화상 반상회, 화상 공연, 화상 축제 등 응용 분야는 많다. 나주에 있는 대학교 재학생과 교수들 500명 대상으로 화상 강의를 한 적이 있는데 내가 한 화상 강의 중에는 최대였다. 학생들이 일부 오디오만 켜 놓은 먹통 화면이 거슬렸을 뿐 강의 자체는 거의 지장이 없었다. 대학생과 교수들도 따로 캠퍼스에 나오지 않고 그들이 있는 곳에서 참여했으니 시간 절약과 탄소 배출 절감 효과를 생각하면 비욘드 변화다. 경희사이버대학원과 계원예술대 강의도 화상으로 다 했다. 이런 기술에 빨랐던 어떤 교수들은 화상 강의 덕분에 전국 지자체의 프로젝트를 다수 받아서 수입이 두 배로 늘기도 했다는 건 비밀 아닌 비밀이다. 지방에서 현지 프로젝트를 하면서 원격 강의가 가능했기 때문이다.

이를 확장하면 지방에서 디지털 소외를 겪는 노인층도 도시나 외국에 자녀들과 쉽게 소통하여 외로움을 풀 수 있다. 그분들이 관심을 가지는 농사 정보 그리고 다른 지역이나 다른 나라에 관한 소통도 화상 설루션을 적절히 활용하면 풀 수 있다. 굳이 버스 타고 비행기 타고 나가서 탄소를 배출하고 돌아올 필요가 없다. 지방 소멸을 걱정하기 전에 이런 화상 사회 조성을 통해서 지방의 유인력을 키우는 것이 더 선결 조건이지 않을까? 나는 이를 전담할 '화상 큐레이터'를 육성하자는 정책안을 2022년에 『레디, 네 개의 세상』에서 피력한 바가 있다. 미술관이나 박물관 작품을 보존하고 해석해 이용자와 접점을 만드는 큐레이터를 화상 기능과 접목한 것이다. 화상 큐레이터는 1단계-화상을 이용하는 기술 교육, 2단계 지역 내 자산을 발굴해 타 도시와 연결해 주는 역할을 한다. 고향사랑기부제나 워케이션, 관광과 축제 등에 적용하면 탄소 마일리지를 줄이고 영역을 해외로도 쉽게 확장할 수 있다. 기초지자체마다 5~10명 정도 육성을 하면 1단계는 가능하다. 이를 대행해 주는 기업도 기회가 될 수 있다.

7부
문화와 커뮤니티

20. 커먼즈(Commons) - 공유의 재발견

21. 지방 시대와 로컬

22. 축제 3.0 - 탄소 중립 축제

'커먼(common)'은 기후 시대 지자체에 소비와 에너지 다음으로 가장 많이 적용이 가능한 개념이다. 공간, 자원(인적/물적), 재능 등 다양한 영역에서 그렇다. 내가 서울혁신센터장을 하면서 충격을 받은 개념이 세 개가 있는데 기후 시민, 커먼즈, 리빙랩이었다. 특히 커먼즈는 소유, 브랜드에 익숙했던 나에게는 충격이었다. 얼마 후 우리 사회에도 에어비앤비, 우버, 쏘카 등 커먼과 유사한 공유(sharing) 개념이 도입되었다.

common은 라틴어 communis(민회)에서 유래했고 '공동의, 공유하는'을 의미한다. 오늘날 common은 고대 프랑스어 comun 과 게르만어 ko-moin-i- (모두가 공유, 이동하는)에서 파생되었다. 현재 영어 형용사로는 '흔한', '공통적인' 뜻이고 명사로는 주로 -s 가 붙어 '공유지', '서민', '하원(the House of Commons)'을 뜻한다. 자주 쓰이는 관련 단어는 common sense, in common(공통으로 소유, 사용하는) 등이 있다.

커먼즈 역사와 유형

내가 서울혁신센터장으로 있던 기간, 서울혁신파크 입주단체에 '칼폴라니사회경제연구소(약칭 칼폴라니연구소)'가 있었다. 칼 폴라니는 오스트리아-헝가리 제국 출신이다. 특히 애덤 스미스에서 시작한 전통적인 경제학 이론에 이의를 제기하며 쓴『거대한 전환』으로 막스 베버, 존 케인스, 조지프 슘페터 등과 함께 20세기를 대표하는 사회과학 연구의 거장 중 한 명으로 손꼽힌다. '보이지 않는 손'으로 상징되는 기성 경제 체제를 비판하면서, 시장경제 논리로 인해 인간, 자연, 화폐 등 사회 구성 요소들이 상품화되는 과정이 반복되면서 사회 파괴를 불러올 것이라고 우려했다. 그는 동시에 인위적인 사회주의 계획경제 체제에도 반대했다. 나는 특히 지자체 공무원이라면 폴라니 책은 읽어 보기를 권한다. 이 칼 폴라니연구소 홍기빈 (전) 소장은 재야 경제학자인데 그는 어느 방송에 나와 커먼즈 개념을 한자 '동(洞)'으로 풀었다. 이는 물(水)을 같이(同) 쓴다는 뜻이다. 그 물은 아무도 소유할 수 없는 공동 자산이다. 흔히 '공유 자산'으로 오역되는 커먼즈의 뜻이 딱 그것이다. 홍기빈은 공유라고 번역하면 에어비앤비, 우버, 쏘카, 쉐어하우스 같은 공유(Sharing. 이것은 소유주가 분명히 있고 여럿이서 제한된 조건에서 같이 쓰는 것임. '분산 소유') 경제와 혼동이 생겨 그냥 커먼즈로 쓰는 게 좋다고 주장한다.

자본주의에 사는 우리는 대부분을 소유하는 체제에서 사는 것 같은데 따져 보면 그렇지도 않다. 만일 그렇다면 우리는 30평 자기 집에서 꼼짝도 못 한다. 우리는 생각 이상으로 공유 자산에서 살고 있다. 세금도 사실은 공유 자산이다. 누구도 소유할 수 없고 모두를 위해 쓰인다. 한국 국토도 우리가 소유한 땅 말고 언젠가는 공유가 가능한 면적이 꽤 남아 있다. 먼저 퀴즈 하나 풀어 보자. 한국의 국유지, 공유지, 사유지 면적에 대한 상식 문제다.

퀴즈 한국 전체 면적 중 국유지 비중은 얼마나 될까?

① 50.2% ② 40.2% ③ 30.2% ④ 25.2% ⑤ 15.2%

퀴즈 국유지 중 가장 높은 비중을 차지하는 것은?

① 임야 ② 도로 ③ 논 ④ 밭 ⑤ 하천

퀴즈 한국 전체 면적 중 공유지 비중은 얼마나 될까?

① 30.3% ② 20.3% ③ 10.3% ④ 8.3% ⑤ 5.3%

퀴즈 공유지 중 가장 높은 비중을 차지하는 것은?

① 임야 ② 도로 ③ 논 ④ 밭 ⑤ 하천

답 한국의 전체 면적은 10만 210km²이고 그중 국유지는 25.2%이다. 강원도 35.6%, 경북 16.7%, 경기도와 전라남도가 각 8%대로 높다. 국가기관으로는 산림청 59.9%, 국토교통부 19.8%, 농림축산식품부 8.4%, 국방부 5.3% 순이다. 지목별 국유지 점유율은 임야가 66%, 도로·하천·구거(溝渠. 농업용수로) 24%, 전·답·과수원 2.6% 순으로 높다. 산림청은 국유림, 국토부는 도로/하천 등이 대부분을 차지하며 활용이 가능한 잡종지·전·답·대지 등은 약 5%에 불과하다. 공유지는 전체의 8.3%를 차지하며 임야 63.3%, 논과 밭은 18.8%, 도로 3.4%, 하천 2.9% 순으로 높다. 토지와 건물로 나눠지는데 토지 비중이 99% 수준으로 높다. 사유지는 개인 50.5%, 법인 7.2%, 기타(종중, 종교단체, 기타 단체) 8.7%이다. 기쁘지 않은가, 누구의 소유도 아닌 땅이 33%나 남아 있다는 것이!

인구 소멸이 예상되는 지방을 살리려면 이런 국/공유 면적과 종중/종교단체 소유 땅들이 용도 변경되어야 할 날이 올 것이다. 나는 지방의 땅 중 소유에 얽혀 활용이 안 되는 국/공유지를 은퇴한 1,000만 도시인들에게 무상 임대한다면(조건은 토지 활용 및 거주. 비활용은 세금 부과) 지방으로 3도 4촌 혹은 6개월 살이 형태로 인구가 꽤 옮기지 않을까 생각한다.

이제 커먼즈 본론으로 돌아가자. 일반적으로는 공기, 물, 바다와 같은 공동의 자연 자원이 커먼즈다. 자연적으로 만들어진 길도 여기에 포함된다. 나는 여기에 무한히 '나눌 수 있는 마음', '관계' 등도 넣고 싶다. 조합(union)이 그런 예다. 인간은 자산, 기술, 지식, 꿈의 공유를 꿈꾸며 조합을 만들었다. 대학교(Universitas)도 처음엔 학생과 교수가 맺은 공부 조합으로 시작했다. 사회가 분화하면서 소비조합, 공제조합 등 사회적 커먼즈가 생겼고 1990년대 인터넷의 보급은 P2P의 공유화를 가져왔다. 이에 따라 디지털 커먼즈가 나타났다. 커먼즈 이론가인 바우엔스는 네덜란드에서 2005년 P2P 재단을 설립하고, 2015년 '커먼즈 전략 그룹' 웹사이트를 개설했다. 지식 커먼즈 발전과 더불어 데이터 커먼즈, 도시 커먼즈 운동이 세계 각국에서 일어나고 있다. 몬트리올, 마드리드, 브리스톨 등에서는 정부 투명성 높이기, 시민참여예산제, 사회적 돌봄 협동조합, 공동체 정원, 메이커 스페이스/리빙랩/팹랩처럼 기술 및 도구 공유 프로그램 등을 실행하고 있다. 시민공원은 주민들이 공원을 공동으로 관리한다. 시민 주도 지역공동체는 수도원, 폐건물 등을 관리하며 문화 행사와 같은 다양한 프로그램을 제공한다. 한국 사례로는 2015년부터 경의선 공유지를 활용해 청년 예술가, 상인, 문화 활동가들이 모여 벼룩시장, 독서토론회, 어린이놀이터 등으로 공간, 자원, 지식, 가치를 공유하는 커먼즈 운동이 있다. 또한 행안부 지원으로 지자체가 민간 위탁해 운영하는 춘천, 대전, 전주, 제주 '커먼즈 필드'가 운영되고 있다. 이 용어가 나름 의미심장하다. 필드는 운동장이라는 말도 되지만 장(場), 계(界)라는 뜻도 있다. 그렇다면 커먼즈장이 있고 non-커먼즈장이 있는데, 우리는 넌 커먼즈장에 살고 있는 셈이다. 다만, 나는 현재 지역에 있는 이들 커먼즈 필드가 기후 위기와는 상관없이 커먼을 기반으로 주로 지역 문제를 푸는 모습에는 좀 아쉽다는 생각이 든다. 그래서 문체부의 문화 도시 프로젝트와도 겹쳐 보인다. '지자체 공무원 이해가 짧아서 그런가!'

사유가 디폴트값이 된 자본주의 세상에서 커먼즈는 다섯 개의 장점이 있다.

1. 중복 생산을 줄여서 에너지 효율을 높인다.

2. 그 과정에서 탄소가 절감된다.

3. 그 자체로 복지가 되며 이는 개인에게 소득 증대 효과를 일으킨다.

4. 사회가 좀 더 평등해진다.

5. 공동체가 활성화된다.

이를 위해서는 소유의 원초적 욕망을 일부는 눌러야 한다. 가난한 시대에는 커먼즈가 힘들지만 지금 같은 과잉, 잉여 세상에서는 우리의 선택에 따라 어느 정도는 가능해진다. 지금 우리 각 가정과 지자체, 기업, 종교단체에는 커먼즈를 할 자원이 꽤 많이 축적되어 있다.

『호모 커먼스』 저자인 홍윤철 서울대 의과대 교수는 중세 영국 셔우드 숲의 의적, 로빈 후드 이야기를 소개하면서 1217년 당시 국왕 헨리 3세가 서명한 두 개의 문서에 주목한다. 하나는 마그나카르타로 알려진 〈자유 대헌장〉이었고 하나는 카르타 데 포레스타로 알려진 〈삼림 헌장〉이었다. 이 〈삼림 헌장〉은 숲과 같은 공유지에서 사람들이 협력적인 생활을 하도록 허용하는 공유화에 관한 것이며 공동 자원을 이용하고 관리하는 공유자들의 권리에 관한 것이었다고 소개한다. 홍 교수는 또한 3장 〈인간 안의 생태계〉, 1절 '장내 미생물과 산업화된 사회'에서 인간의 장 안에 사는 수 조개의 미생물군 즉 박테리아, 곰팡이, 기생충, 바이러스, 고세균(이들 유전체를 마이크로바이옴이라고 부른다)이 인간의 몸을 인간과 공유하는 관계도 주목한다.

커먼즈 확장은 문화와 사유의 확장

지자체가 판을 벌이면 기업과 학교, 개인도 이런 커먼즈 활동을 할 수 있다. 학교를 수업 시간 외에 주민 토론장이나 행사장으로 개방한다거나 기업이 가진 고객 데이터(예: 제로 파티 데이터-소비자가 직접 입력한 관심사 정보, 구매 의사, 개인 사정, 개인이 브랜드에 어떤 식으로 인정되기를 바라는가에 대한 데이터. 비건족이라면 비건에 대한 자신의 관점, 행동 등을 밝혀 공유하는 것 따위)를 공동 자산으로 설정해서 공유하고, 블록체인 기술을 이용해서 특정 자산을 n분의 1로 공유하는 방식 등이 그것이다. 토큰 증권(STO)도 일종의 커먼즈 자산이다. 뒤에 말하겠지만 그것은 약한 커먼즈다. 그 외에도 다양하게 생각해 볼 수 있다.

커먼즈의 핵심은 소유 개념에서 비욘드 하는 것이다. 소유는 배타적이며 소유자를 탐욕스럽게 만든다. 커먼즈의 확장은 문화의 확장이고 이는 동북아가 추구했던 대동(大同. 『예기』 '예운편'에서 말하는 이상 세계. "대도가 행해지는 세계에서는 천하가 공평무사하게 된다… 문을 열어놓고 닫지 않으니 이를 대동이라 한다." 이익은 분수를 지키는 것이 대동 풍속을 이루는 요건이라 했고, 캉유웨이, 쑨원 등도 이 사상을 추구) 사상의 삶을 꿈꾸는 관대한 사유의 확장에서 온다. 그렇게 보면 한국의 골프장(보통 CC. Country Club이라 쓴다)은 관대하지 않은 사유의 예다. 한국에 골퍼들이 700만 명이고 골프장이 520여 개나 되는데 이름은 컨트리 클럽이라지만, 오히려 공동체를 해치고 자연 파괴, 돈벌이, 위화감 조성으로 늘 비난받는 골프장을 관대하게 쓰면 어떨까? 한국의 골프장은 다 사유화되어 있고 담에 둘러싸여 있는데 『골프의 정신을 찾아서』(이경화 저) 책을 보면 원래 발상지인 스코틀랜드의 골프장들은 대부분 주민에 의해 커먼즈로 공유된다고 한다. 밤이면 주민들이 골프장 클럽하우스에 모여 커피도 마시고 공동체 공동 관심사도 공유하고 골프장 운영 방식도 논의한다. 골프장이 잘 사용되는지도 주민들이 감시한다. 마을 어린이는 폐장 후 한두 홀에서 무료로 골프를 친다. 캐디도 없다. 나는 이 책에서 그런 사례들을 보고 깜짝 놀랐다. '아, 이게 원래 골프장이구나!' 그러니 지자체는 골프장 사업을 허가할 때 이런 '공동체와 공유' 항목을 계약에 넣으면 좋을 듯하다.

한국 관청들은 본질이 커먼즈 자산임에도 불구하고 그동안 삼엄한 담에 둘러싸여 있었다. 그러다가 일부 지자체가 담을 허무니 주민들이 관청을 조금은 편하게 생각하게 되었고 주부들은 거기서 커피숍, 서점 등을 저렴하게 운영하면서 동네 커뮤니티 장소로 사용한다. 내가 사는 아파트의 옆 단지는 신축하면서 담을 없앴다. 그 안에 조성된 인공 폭포는 시민 누구나 이용한다. 길도 누구나 가로질러 갈 수 있다. 북유럽 주민들 사이에서는 공유 주방이 주목받고 있다. 노후 대책으로도 활용된다. 그냥 개인이 공동 주방 기구를 이용해서 요리하되 혼자(가족)만 먹는 방식도 가능하고 순번을 정해서 공동 요리를 하는 방식도 가능한데 후자가 더 커먼즈에 부합한다. 사업 모델로도 쓰인다. 공유 주방 대표 주자를 표방하는 '키친 밸리'는 주방 기구를 공유해서 배달 음식을 각 사업자가 판매한다. 키친42, 모아쿡, 다모여키친, 모두의주방 등이 창업 중이다. 이들은 쉐어링이지만 커먼즈에 가깝게 진일보한 것이다. 그래서 나는 커먼즈를 둘로 구분한다. 강 커먼즈(Strong Commons)는 동네 우물처럼 말 그대로 100% 공유화하는 것이고 약 커먼즈(Weak Commons)는 토큰 증권이나 에어비앤비처럼 소유 개념이 공유와 가미된 커먼즈다. 활발한 보급을 위해서는 강 커먼즈보다 약 커먼즈가 더 효율적일 것이다. 탄소 배출권 같은 것도 약 커몬즈 개념으로 설명할 수 있다.

　이런 공유 대동의 시도에도 불구하고 여전히 소유 본능은 잘 없어지지 않는다. 마이클 헬러와 제임스 살츠먼이 쓴 『마인(Mine)』에 나오듯이 남의 것도 내 것으로 만들려는 소유 본능을 가진 게 인간이기 때문이다. 공유지의 비극이 그런 경우다.

공유지의 비극?

커먼즈에 대해 근세 유럽에서 벌어졌던 공유지의 비극, 소련이 스탈린 치하에서 우크라이나 등에 시도했던 집단 농장의 실패 등을 우려하는 사람들도 많다. 미국의 생물학자인 개릿 하딘은 1968년 〈사이언스〉의 논문에서 "공유지의 희귀한 공유 자원은 어떤 공동의 강제적 규칙이 없다면 많은 이들의 무임승차 때문에 결국 파괴된다."라고 주장했다. 그는 마을 초지를 공유하는 사람들이 자신 이익을 챙기기 위해 많은 소를 초지에 풀어놓고, 결과 발생하는 공동 파멸의 비극을 '공유지의 비극(Tragedy of the Commons)'이라고 불렀다. 이 이론에 공감하는 우파가 많다. 우(右)파인지 우(牛)파인지! 그들은 고속도로 휴게소가 쉽게 더럽혀지는 것, 과거 무주공산에서 땔감을 무분별하게 채취하여 민둥산이 된 것도 커먼즈 비극 사례로 거론한다. 공유지 비극 가설은 그럴듯하지만, 문제가 몇 개 있다. 미리 흉을 보자면 개릿 하딘이 또 하나 주장했던 '구명보트 이론(배가 침몰해서 구명보트를 띄울 때 누구를 태울 것인가?)'은 반인간적이라는 지적도 있었다. 하딘의 주장은 다음과 같은 문제가 지적된다.

첫째, 하딘이 거론한 대상은 잘 관리된 공유 자원이 아니라 아무나 쉽게 접근할 수 있는 오픈 액세스(open access) 형태의 자원이다.

둘째, 공동체 구성원들 간의 의사소통이 거의 없다고 가정했다.

셋째, 사람들 이기성만 가정했다.

넷째, 이 비극을 바로잡기 위한 해결책으로 사유화, 정부 개입이라는 두 가지 해결책만 제시했다.

사람들은 선하기도 하고 악하기도 하며 예측도 하고 소통도 하는 존재다. 사유화보다는 공유 자원이 유리하다는 것도 알고 있고, 정부 개입 없이 이해관계자들이 서로 조정해 공유지를 유지할 사회성도 지니고 있다. 잘 짜인 어촌계, 해녀계, 태양광계 등이 예다.

지식 분야에서는 공유지의 비극도 발생하지만(인터넷 정보는 무료로 공유되지만 정작 정보 제공자는 아무런 이익도 얻지 못해 좋은 정보가 고갈), 반대로 '반공유재의 비극(tragedy of the anti-commons)'도 발생한다. 마이클 헬러가 이 개념을 도입했는데, 그는 컬럼비아대학교 법학전문대학원 교수로 재산권과 부동산 법 전문가다. 반공유재의 비극은 사회적으로 공유되어야 할 재산이 특허, 저작권 등으로 지나치게 분할되고 사유화되어 비효율이 발생한다는 개념이다. 2008년 출간한『소유의 역습, 그리드락』에서 그리드락(gridlock)은 '교차점에서 발생하는 정체로 오도 가도 하지 못하는 상황'을 뜻한다. '소유의 역습'은 지나치게 많은 소유권이 경제 활동을 오히려 방해하고, 새로운 부의 창출을 가로막는 상황을 말한다. 마이클 헬러가 보기에 서울의 아파트 가격이 비쌈에도 생활공간이 좁은 이유는 땅이 부족해서가 아니라 복잡하게 뒤얽힌 개발 승인 과정, 부적절한 그린벨트 정책 등 규제 때문에 발생한 인위적인 그리드락 산물이다. 2022년에 출간된『마인(Mine)』은 커먼즈가 왜 현실적으로 잘 안되는지 설명한다. 하나 남은 빵, 길거리의 주차 자리, 디지털 개인 정보 배분까지 소유를 둘러싼 논쟁은 늘 발생하는데 이는 6가지 법칙에 따라 결정된다.

선착순: 먼저 오면 먼저 대접받는다.

점유: 점유의 법적 권한은 90%

노동: 내가 뿌린 것은 내가 거둔다.

귀속: 내 집은 나의 성

자기 소유권: 내 몸은 내 것

상속: 온유한 자들이 땅을 상속받는다.

소유권은 식량, 물, 금, 음식, 성애 파트너 등 부족한 자원을 놓고 다툴 때 이를 해결하는 역할을 해 왔다. 그런데 지금, 이 법칙들이 요동치고 있다. 좋은 요동으로는 지하철에 먼저 탄 청년이 노인이나 임신부가 오면 점유권을 양보하고, 기업이 재산을 일부 양보하는 CSR 활동을 하고, MZ세대 사이에 공유(sharing) 개념이 인기고, 기후 시민의 ESG 라이프 실천도 내 소유권을 지구를 위해 양보하는 선한 영향력 방법이다. 나쁜 요동은 부동산 투자, 스카이캐슬 현상 등이다. 소유권과 커먼즈, 어느 것이 지혜로울까!

마이클 헬러는,

"소유권 설계는 인간 행동을 은밀하고도 단호하게 조정할 수 있는 사회 공학적 도구이며, 자원을 가진 이들이 우리 행동을 그들 뜻대로 유도하는 방법을 알게 되면 우리도 그 리모컨을 쥐고서 우리 삶을 개선하거나 공익을 꾀할 수 있다."

라고 말한다. 여기 커먼즈 해법도 들어간다. 2023년 2월부터 서울시 성동구 송정동에서 실험 중인 '1유로 프로젝트(착한 임대인이 3년 기간 건물을 1유로에 빌려 주고 여기에 다양한 소셜 브랜드들이 입주)' 확산이 좋은 예다. 이는 네덜란드 로테르담시의 유령 골목이었던 스팡언 지역에서 먼저 선례가 있던 '도시재생+약 커먼즈' 모델이다. 멋진 싹 아닌가!

21. 지방 시대와 로컬

10여 년 전, 충주댐 옆길을 따라 차로 구불구불 한참 달리면 나타나는 마을에 갔었다. 집이 열 채 정도 남은 시골 마을. 형과 같이 갔는데 우리는 어릴 때부터 그곳을 '긴실(?)'이라고 불렀다. 그곳엔 막내 고모가 사신다. 지금은 80대일 것이다. 고모는 할머니가 아주 늦게 낳은 막내인데 시어머니와 맏며느리(우리 어머니)가 거의 같이 배불러서 낳은 고모라고 했다. 나이로만 보면 내 큰누이 정도. 오랜만에 긴실 고모부 칠순 잔치 때문에 갔는데 고모네 집이 확 달라져 있었다. 이전에 그 허름했던 시골 농가는 어디 가고 흰색 벽에 오렌지색 지붕으로 번듯한 양옥에 집 앞에는 잔디가 푸르게 깔려 있고 집 뒤에는 소가 10여 마리 있었다. 잔디 마당에는 골프채도 보였다. 고모 자식들이 돈을 모아 마련해 준 거라고 했다. 하긴 그 고모네는 고생도 많이 했고 자식들한테 할 만큼 했다. 성실하게 일만 하신 고모부가 작은아들 사업 망했을 때도 큰돈 들여 재기 기반을 마련해 준 걸로 알고 있다. 고모 집 앞에서 보이는 그 마을 농가들은 그러나 대부분 이전의 모습이었다. 그 대비되는 모습을 보고는 고모에게 물었다.

"저긴 왜 집이 여전해요? 고모네는 이렇게 잘 살게 됐는데…."

"흥, 겉만 그래. 저것들 이젠 살판났어."

"왜요?"

"젊어서 일도 안 하고 맨날 술에 노름하던 것들인데 지금은 봄가을이면 나라에서 관광 보내 줘, 의료소 무료 진찰에 농사 실패하면 지원금 주고, 선거 때면 후보들 굽실대잖어. 흥, 우리는 좀 산다고 아무것도 안 해 줘. 더러워서, 세상 불공평해. 게으른 저것들은 막 위해 주고 정작 죽으라고 일한 우리는 흥. 공과 구분 없이 나랏돈 저렇게 쓸 거면 왜 열심히 일하고 저따위로 나눠주는 거면 누가 공무원 못해?"

'아이쿠, 이런 속사정이!'

고모의 뼈아픈(!) 지적처럼 지금 지방은 그냥 위기 속에 있는 것은 아니다. 풍요 속 위기다. 수십 년간 정부 지원으로 인프라나 각종 (퍼 주기) 복지 혜택은 늘었지만, 인구 감소와 초고령화로 인한 지방 소멸 위기 때문이다. 이 와중에 공무원들 포지션이 애매하다. 폭풍에 배를 몰고 가는 절박한 선장이 아니라 바람에 배를 맡기는 속 편한 선원 같다.

지방 시대 위원회

윤석열 정부 때인 2023년 7월 대통령 직속의 자문기구인 '지방시대위원회(현재 위원장 김경수)'가 만들어졌다. 전신은 국가균형발전위원회(2003~2009년, 2018~2023년)와 자치분권위원회(2009~2018년)다. 일몰 기한은 2028년. 내 지인들도 다수가 참여했다. 처음에는 주로 보수 쪽 인사들이었는데 정권이 바뀐 지금은 민주당 쪽 인사들로 물이 바뀐 것 같다. 그런데 나는 정말 헷갈려서 "지방 시대의 뜻이 무엇인가?"라고 물어보니 똑똑한 AI도 대답을 못 한다. 광주시 정보공개에는 '기존에 분리되어 있어 정책 추진 효과를 체감하기 어려웠던 지방 분권과 균형 발전의 통합적 추진을 통해, 국민 누구나 균등한 기회를 가질 수 있도록 하는 지역 균형 발전 정책'이라고 나온다. 그 설명에도 불구하고 나는 이해가 안 된다. 문해력 기준으로만 보면 지방 시대면 '…한 시대와 구별되는…한 시대'라고 정의해야 하는데 '…정책'이라고 소개하다니? 지방 시대는 그렇다면 기존에 있던 두 개 위원회를 합친 것에 지나지 않는다는 말인가. 나는 처음에 지방 시대라고 해서 이제 중앙 집중 시대를 접고 지방이 활성화되는 시대가 열리나 보다 기대했는데, 그건 아닌 듯하다. 그런데 기왕 지방 시대라는 말이 나온 김에 어떻게 해야 지방 시대가 올까를 생각해 본다. 보통 자치 분권이나 지방 분권이라고 해서 국가가 지방정부와 권한을 나눈다고 하지만 그것은 선언적일 뿐이고 실제로는 자원을 나눠야 한다. 무슨 자원? 중앙에 집중된 자원. 그러나 이건 답이 아니다. 자원을 나누어 준들 뭐 하나, 120% 잘 써야지.

중요한 것은 그들 지방의 지속 가능한 차별화를 이루는 것이다. 나는 그를 토털 정체성(Total Identity. 이를 마케팅 용어로 번

역하면 '콘셉트'에 해당)이라고 부르고 싶다. 그래야 인재 유치, 자원 배분, 지속 가능성, 자급자족 경제 그리고 관광 효과가 생긴다. 대학교 기능 분산이 그래서 필요하다고 앞에서 말했다.

일단 내가 지금 30년을 살고 있는 과천을 소재로 토털 정체성이 무엇인지 보자. 과천은 흔히 살기 좋은 도시 1위, 문화 만족도 1위 도시라고 하는 도시다. 강남도 가깝다. 그러나 젊은이들은 자신들을 위한 시설이 없다며 근처 안양 일번지나 평촌, 서울로 간다. 연 수백만이 찾는 서울랜드, 서울대공원, 렛츠런 파크(경마장) 그리고 현대미술관, 서울과학관 등이 있는 주변 막계동에, 3만 평 정도 규모의 그린벨트가 해제되어 병원과 헬스센터, 바이오 관련 기업 유치를 한다고 시가 발표했다. 인구 10만도 안 되는 도시에 병원이 없다며. 그런데 과천 주변엔 삼성서울병원, 가톨릭대 서울성모병원, 한림대성심병원 등 대형 병원이 30분 거리에 있다. 인덕원 방향으로는 디지털 & 바이오 단지가 새로 만들어졌는데 공실이 70%가 넘는다. 그곳에서 서울 양재동 방향으로 5분 거리에는 수천 평 규모의 SK 석유 비축 기지가 텅 비어 있다. 과천의 나이 든 시민들 의견을 따르니 이런 결론이 나온 것이다. 여기 편의는 있어도 과연 청년을 위한 미래가 있는가? 병원에서 융합 정책이 과연 가능한가? 여러분은 이 도시 정책이 토털 정체성이라고 생각하나? 여기에는 한류-문화-기후 테크와 연계한

K-컬처 단지(생태형 복합 공연장, 메타버스 스튜디오, 네이버와 카카오 전시관, 그리고 SK 석유 비축 기지에는 K-문화 학교+K-푸드·뷰티·복식 등)가 들어서야 맞다. 그래야 구태의연한 문화 만족도 1위에서 '에코 문화 도시-과천'이라는 도시 정체성으로 증강하고 강남과 연계하며 주변 문화 시설과 시너지를 이룬다. 외국인들 방문과 체류가 늘면서 과천시도 젊게 문화로 활성화된다. 그런데 과천시 공무원들은 그런 토털 정체성 안목이 없다. 그냥 학교, 병원 같은 당장의 유권자 민원만 생각한다. 유권자들은 그러나 생각보다 (기후) 상상력이 없고 시의 토털 정체성, 미래를 생각하지 않는다.

지금 지방은 전체적으로는 좋아졌지만 도시 정체성으로만 보면 토털 정체성이 매우 약한 붕어빵 도시들 같다. 지금의 지방은 지역 문화 유적(경주, 진주) > 자연물(동·서해안 해수욕장이나 제천 등 호수) > 인공물(춘천이나 충주댐, 순천 정원만 같은) > 음식(전주 비빔밥, 춘천 닭갈비, 제주도 회) > 컨벤션(부산, 부천, 전주), 축제(화천, 보령) 등이 차별화 요소인데 이런 정도로는 부족하다. 요소로만 구성되고 전체 도시의 지향점이 안 보이기 때문이다. 의정부 부시장을 지낸 행정 전문가 김동근(현 의정부시장)이 쓴 『넥스트 시티』를 보면, 걷고 싶은 도시/ 생태 도시/ 디자인 도시/ 아이 키우기 좋은 도시/ 문화 도시/ 기업 하기 좋은 도시/

평생 학습 도시/ 고령 친화 도시/ 건강 도시/ 안전 도시 등 10개 유형 도시가 나오는데, 이 대목에서 물어 본다. 전주는 위 유형 중 어떤 도시인가? 춘천은? 영주는?

그들 도시의 정체성을 말하기 쉽지 않을 것이다. 모두 '시민이 행복한 ○○ 도시' 정도다. 행복이 무엇인지 정의도 내리지 않고 말이다. (행복도 내 욕망 사다리 구조를 따르면 층위가 다양한데 이 책에서는 좀 맞지 않으니 언젠가 어느 도시에서 그를 물으면 직접 소개하겠다) 내가 춘천마임축제 총감독을 할 때 춘천은 청춘 도시, 영화 도시, 봄의 도시, 축제의 도시 등을 표방했다. 지금은 문화 도시를 표방한다. 이처럼 우리 도시는 당대 인기 아이템으로 레시피를 구성한 뷔페 도시다. 그것도 B급 뷔페! 나는 이 외에도 차별화된 도시 미래형으로 기후(ESG) 도시, 대학 도시, 창업자 도시, 버추얼 도시, 워케이션 도시, 꽃과 바이오 도시, 청정 물의 도시, 메이커 도시 등을 추가하고 싶다. 하나하나 그 도시를 차별화할 수 있는 토털 정체성들이다. 현재 우리 도시들은 이런 토털 정체성 유형 도시와는 대부분 거리가 멀다. 지자체장과 시민들이 큰 그림을 그릴 줄 모르기 때문이다. 그에 따라 공무원들은 침묵한다. 앞에 긴실 고모의 불평처럼 시민이 행복한 도시를 내걸고 그냥 퍼 주기만 한다. 다음 선거만 보면서!

이런 토털 정체성이 확립된 지방 시대는 우선 크로노토피아에 해당하는 '로컬(local)' 개념이 기본이 되어야 한다. 지방이 몸체라면 로컬은 심장에 해당한다.

로컬 시대

2022년부터 경북도청에서 국장급이 주관하는 '인구소멸대응위원회'와 '메타버스전략위원회' 두 회의에 전문위원으로 2년간 참여했던 적이 있다. 전문위원이라야 1년에 두세 차례 소집되는 회의 참가와 화상으로 특별 의견 제시 정도였다.

인구 소멸 관련 정책 회의를 영주에 있는 산림치유센터 회의에서 했는데 두 번째 긴급 모임에서 한 자료를 받았다. 행안부가 경북도에 인구 소멸을 막을 10조 원 예산을 5년 동안 교부한다는 것이었다. 다른 인구 소멸 지역에도 교부되는 것 같았다. 깜짝 놀랐다. '행안부, 돈 자판기네!'가 솔직한 내 심정이었다. 경북 인구는 300만 명 안팎이고 대개 노령화 인구다. 1,000만 명이 사는 서울시 1년 예산이 48조 원(2025년 기준)이다. 그걸 따지면 경북에 10조 원 추가 예산이 얼마나 큰 건지 가늠할 수 있다. 당시 경북에서는 이 예산을 쓰기 위해서 각 시군 지자체와 예하 기관에 예산 사용 사업을 부랴부랴 받았는데 그것들을 우리 위원들이 심의하다가 '과연 이런 구태의연한 사업들로 얼마나 인구 소멸을 완화할까? 지자체 공무원들이 전혀 준비가 안 되어 있나?'하는 의문을 가졌던 기억이 난다. 사업 내용도 대동소이했고 규모도 작은 그만그만한 기획들이었다.

이 현상들을 보면 지방 시대, 인구 소멸 대응이 지금 지역 지자체의 최대 현안이고 그 대안으로 여러 정책이 난무하고 있음은 알 수 있다. '난무'라는 표현을 쓴 것은 인구 소멸의 정확한 진단이 안 된 가운데(해당 지역 어른과 공무원, 교수들은 젊은이들이 떠나는 이유가 한결같이 일자리와 대학교, 높은 문화 부재라고 꼽지만 내가 들은 청년+여성들의 유출 속마음 중 큰 것이 지방 어른들의 수직 가부장 문화였다), 장기 계획이 없고 축제, 중복 건설 같은 단기 & 소모성 정책이 다수인 데다 혁신적 사업도 거의 없기 때문이다. 단기+모방+안전이 그들 공통어다. '15분 도시', 'ESG 도시' 같은 공부와 시도도 없다. 이런 가운데 도시 재생 활동가들이나 문화 기획자들은 대안으로 로컬의 회복을 제시한다. 나도 로컬이란 말에는 호감을 느끼고 그동안 너무 많이 들어서 식상하긴 하지만 그래도 거기에 길이 있다고 믿는 편이다.

로컬이 무엇이냐?

퀴즈 한국인 중에 로컬(local)에 사는 숫자가 얼마일까?

아마 이 질문을 하면 사람들은 대체로 농업인구와 중소 도시

인구를 합쳐서 말할 것이다. 땡. 틀렸다. 우리가 지방과 로컬 개념을 혼동하기 때문에 그렇다.

지방(鄕)은 중앙(京)과 대비되어 1. 어느 방면의 땅, 2. 서울 이외의 지역, 중앙의 지시를 받는 아래 단위 기구나 조직을 이르는 말이다. 우리는 2번 뜻으로 자주 쓴다. 영어로 2번 뜻은 the provinces, the country이다. 또 지역은 1. 일정하게 구획된 어느 범위의 토지, 2. 전체 사회를 어떤 특징으로 나눈 일정한 공간 영역이다. 안 좋은 뜻으로는 지역주의, 지역감정, 지역 차별 등이 있다. 영어로는 area, region, district, zone이다. 반면 로컬은 1. (자신이 사는 특정) 지역의, 현지의 2. (특정 지역에 사는) 주민, 현지인이란 뜻이다. 용례로 로컬 방송국, 로컬 크리에이터, 로컬 푸드 등이 있다. 서울 시립대 정석 교수가 쓴 『행복@로컬』(하동, 목포, 전주, 강릉 등 네 도시에서 각 한달살이를 하고 연중 54개 도시에서 잠깐 체류한 체험기. 정교수는 수도권 밀집을 해소하기 위해서 '일백탈수'-일백만 명이 수도권 탈출하기-, '지역민국'- 미국 연방처럼 각 지역의 독자적 운영- 개념을 주장)의 뜻도 원래는 지방이 더 맞지만 정 교수는 지방을 로컬처럼 살아보기를 강조하는 뜻에서 로컬로 썼다. 도시공학에서는 공간(space)과 장소(place)도 구분하는데 공간이 물리적 공간이라면 장소는 개인의 혼, 추억, 관계, 환대가 엮여서 특별한 의미를 지니게 된 공간을 뜻한다. 그래서

'장소성'이란 말이 가능해진다. 로컬은 그냥 지방이 아닌 장소성을 지닌 지방이다. 그러니 한국인은 서울 사람도 곡성 사람도 제주도 사람도 다 자기들의 로컬에 사는 셈이다.

앞에서 살폈듯이 지금 한국은 지방 시대 말은 자주 나오나 정부(국토교통부), 수도권 지자체가 신도시 개발과 확장에 집중하는 현재로서는 공허한 메아리로만 들린다. 반면 지역 활동가들은 로컬이라는 말을 더 많이 쓴다. 관점이 다르다. 지방 시대는 국토 균형 발전 관점이고, 로컬은 탄소발자국 관점이다. 그래서 로컬은 가능하면 탄소발자국이 적은 자기 정주 지역 것을 애용하자는 캠페인에 주로 쓰인다. 요즘 충북 괴산은 고추와 버섯을 활용한 음식, 진도는 대파를 넣은 크로켓, 경남 창녕은 마늘을 곁들인 버거처럼 (글로벌) 대기업과 지역 농산물이 결합한 로코노미(Loconomy. Local과 Economy 합성어) 상품, 임실이나 완주 로컬 푸드 협동조합처럼 지역 농산물을 활용한 가공품을 온-오프라인에서 판매하며 지역 경제의 가치를 높이는 것도 그런 예이다.

토털 정체성 측면에서 로컬이 중요한 또 하나 이유는 문화 정체성 때문이다. 과거뿐만이 아니라 현재와 미래 정체성을 찾자는 것이다. 과거 정체성은 주로 향토 사학자나 해설사들이 담당한다. 그건 이 책에서 생략한다. 대신 현재와 미래에 초점을 맞추련다. 문화 정체성은 주민들이 만들어 가는 것이다. 음식, 공간, 노포, 독립 서점, 스토리텔링 등의 방법으로 말이다. 공무원은 그를 살펴 지원하고.

이중 독립 서점만 보자. 출판이 무너지는 현시점에 독립 서점을 운영하는 것은 꽤 모험이다. 그러나 독립 서점이 살아 있다는 것은 우리 지역의 문화 저력이 살아 있다는 뜻이다. 독립 서점은 단순히 책 장사를 하는 곳이 아닌 지역 문화 거점이기 때문이다. 대전에 한화 야구장이 있는 동네엔 '그래도'란 독립 서점이 있다. 4평 수준으로 작다. 지역 작가들 책이나 로컬 주제, 느리게 살기 주제 책을 주로 취급한다. 독립 서점이 로컬에서 하는 일은 의외로 많다. 그래도 주인장 조지영 대표는 그 서점을 아이들 사랑방으로 개방했다. 동네 초등학생들이 사랑방처럼 쓴다. 아이들은 서울에서는 보기 힘든 친근함과 포스를 가지고 있다. 거기서 가까운 문창시장의 상인들 대상으로 로컬 푸드나 로컬 컬처 등의 클래스를 여는 것도 조지영 사장 몫이다. 지역 북 페스티벌에도 기획자로 참가한다. 2023년 기준 전국 독립 서점은 884곳. 2018년보다 두 배 늘었다. 반가운 일이다. 목포에 새로 생긴 '포도책방'은 독립 서점이면서 공유 책방(각 서가와 매대를 후원자에게 임대해서 서점 전체 공간을 공유하는 방식)이다. 시작은 서울에서 '서울로 7017'을 초기에 기획했던 조반장이다. 목포 연고에 기획력도 좋고 인맥도 다양하다. 나도 거기 '영구네 책사랑'이란 매장이 있다. 주변에 협동조합으로 운영되는 '건맥 1987'과 함께 쇠락하는 동네의 문화 거점으로 큰 역할을 한다.

지방/지역/로컬 오해를 바로잡았으면 이제 정부나 지자체 말대로라면, 미래 엘도라도가 될지도 모를 '지방(로컬이 아닌) 시대 회복'에 대해 생각할 준비가 된 것이다.

지방 시대, 엘도라도?

흙에서 자란 내 마음

파아란 하늘빛이 그리워

아르카디아 낙원(Arcadia. 그리스 남부 펠로폰네소스반도 중앙에 있는 주. 목가적이고 고립적인 특징으로 인하여 그리스, 로마 시대의 전원시와 르네상스 시대의 문학에서 낙원으로 묘사)을 떠올리는 이 구절은 정지용 시 〈향수〉의 일부다. 오늘날 대도시에 사는 6080세대는 대개 '흙에서 마음이 자란' 지방 출신이다. 그러나 여기 뽕이 좀 많다. 30년 전만 해도 지방은 시인이 묘사한 그런 아름다운 기억은 아니었다. 이 시에는 빠진 모기, 구더기, 변소, 거머리, 보릿고개, 뱀, 노인, 무서운 밤, 문중(門中)과 토호의 텃세, 무지렁이, 미신 등이 있던 곳이었다. 20세기 초 아일랜드, 그리스, 이탈리아 농촌의 가난한 이들이 미국을 향해 떠났듯이 1960년대 한국 젊은이들은 가난하고 답답한 지방을 떠났고 과거를 잊고자

했다. "네 아비가 누고?", "이놈아, 우리 가문이 어떤 집안인데…." 같은 결박 공동체가 불편했고 도시보다 상승 기회가 적었기 때문이다.

지금 한국 도시화는 80% 수준이 넘는다. 지방은 젊은이가 떠나고 초등학교 중학교는 폐교가 되었고 어른들은 65세가 되어도 청년이라 불린다. 경북, 충북, 전북 등 지방은 인구 소멸 예정 지역으로 지정된 곳도 84개나 된다. 반면 지난 30년간, 지방에 천문학적 교부금이 투하되어 인프라는 상당히 개선되었다. 문화회관, 체육관과 공원, 도로, 박물관, 다리, 관광지, 복지 시설과 복지 등은 세금 납부 대비 투하된 인당 비용을 따지면 대도시를 훌쩍 넘는다. 기업 도시는 정부보다는 대기업 인프라 비중이 높다. 서울부터 인천, 포항, 구미, 여수 등 도시는 대기업이 키우고 경북, 충북, 전북 등 인구 소멸 위기 지방은 세금이 지킨 셈이다. 대도시는 이제 균형점을 지나 저성장과 과밀, 지대(地代) 상승, AI의 일자리 대체 때문에 앞으로는 지방 효율성이 더 커지며 도시민이 행복을 얻을 마지막 기회의 땅이 될 수도 있다. 단, '된다'가 아니라 '될 수도 있다'라는 말을 기억하자.

지방을 미화하기 전에 먼저 지방의 현재 문제를 냉철하게 짚어 보자. 이재명 대통령이 2025년 경상도, 전남 등 자치단체장과 현안 미팅을 하면서 일부 단체장들의 무능함이 드러났다. 심하게. 그들은 무지를 넘어 무도함까지 드러냈다. 사실 이건 사례의 일부이다. 지방에 가면 칭찬보다는 지역 공무원과 선출직에 대한 불만과 비난이 들끓는다. 특정 정당을 무조건 지지하는 지역일수록 그런 경향이 더 높다. 무조건 민주당을 찍는 목포 사람에게서 직접 들었고 무조건 보수를 찍은 통영의 여기자에게도 그런 말을 들었다. 그런 도시가 무조건 "인구가 소멸 중이니 돈을 더 달라."라고 조르기만 한다. 언제까지 돈 주고 싶나? 돈으로 될 문제인가? 아프리카에 그동안 선진국들이 수천조 원 이상을 퍼부었는데 무엇이 달라졌나? 지방의 지역민 스스로 비판하는 이 대목에서 나는 돈을 중간에 빼돌리는 어떤 세력들을 고발한 젊은 경제학자들의 책 『이코노믹 갱스터』(레이먼드 피스먼 , 에드워드 미구엘)가 뇌리를 스친다. 네팔 대지진 때 세계가 보내준 성금은 다 어디로 갔나?

그런 것에 대한 불만을 삭이고 일단 많이 거론되는 지방 문제를 보자.

＊인구 감소와 초고령화

＊청년 인구 감소와 지방 대학 난립 & 역할 미흡으로 통폐합 위기

＊일회성 축제, 청년몰, 골목 상권 활성화 등에 단기 교부금 지원

＊국가 교부금의 증가와 비효율

＊토호의 텃세와 교부금 타 먹기

＊역차별 의식(우리는 고향을 지켰는데 지원 안 하고 왜 외부에서 온 놈들만 지원하나?) 팽배

＊공무원들의 혁신 대신 모방 관행

＊지역 사회의 수직(권위, 어르신) 문화, 관행 문화

＊성(性)/ 나이/ 성씨 간 차별 문제

더 있지만 줄이겠다. 굵게 표시한 것은 실제로 창조적이고 건강한 지방 시대를 막는 중요한 걸림돌임에도 공식적으로는 잘 거론하지 않는다. 반면, 기회 요인도 늘고 있다.

＊문화 도시, 슬로우 시티, 역사 도시, 치즈 도시 등 **지방 특성화와 아이덴티티 찾기 노력**

＊로컬 중심 경제_로컬 산업 육성 정책 시행. 예) 2023년부터 '고향사랑기부금' 제도 시행

＊**일부 지자체와 지방 대학 협업 우수 사례 창출**

＊팜프라촌(남해) 사례처럼 청년 활동가들의 정주 시도

＊서울 등 대도시 일자리 감소와 도시 피로감 증가로 지방 찾는 젊은이 소폭 증가세

＊**워케이션, 메타버스 등으로 지방으로의 U턴 현상**

＊정주 인구에서 관계 인구로 발상 전환 중

＊글로벌 로컬로의 전환 가능성

위 내용 중에서 앞으로 ESG 측면에서 엘도라도 기회가 있다고 보는 것은 **굵은 글씨** 부분이다. 모든 도시는 특별할 수 있다(토털 정체성 측면에서). 그 특별함을 미래 테마와 맞춰서 개별 약진하자는 것이다. 지방 특성화를 현재의 기업 도시, 문화 도시를 넘어 세계인이 찾는 'ESG 테마 도시'로 맞춰 보는 것이다. ESG 테마는 하나가 아니다. 유럽에서는 '전환 도시', '슬로우 시티', '생태 도시', '자전거 도시', '대안 에너지 도시', '대학 도시' 등의 개념으로 분화되어 특성화하는 경우가 늘고 있다. 그중 기후 위기, ESG 시대의 실험 기지로 주목받는 '전환 도시'는 에너지 자급자족을 지향하는 대표적인 ESG 테마 도시이다. 마지막에 '글로벌 로컬 도시' 개념은 이탈리아 도시에서 착상한 것이다. 이탈리아는 로마 제국 이래로 로마, 피렌체, 카푸아, 밀라노, 베네치아 등 도시 국가로 이루어진 천 년 전통이 있다. 이탈리아 전체 경제는 후퇴 중이어도 특정 도시는 다르다. 한국도 5극 3특(수도권 집중을 완화하고 지역 균형 발전을 목표로 한 행정 체계) 도시들은 배후 소도시들과 연계하여 지역을 클러스트로 특성화하면서 자립 로컬 경제를 만들도록 노력해야 기후 위기 시대에 역할을 하게 된다.

로컬 푸드

이마트, 코스트코, 롯데마트 같은 대형 할인마트는 싼 가격, 주차장 완비로 대량 구매를 유도하여 소비자들이 차를 가져오게 만든다. 대량으로 사서 저장하려면 냉장고가 커야 한다. 냉장고에서 나오는 냉매-프레온 가스는 온실가스 총배출량의 2.5% 정도인데도 온난화 기여도는 24%에 달한다, 현재 국내에서 배출된 냉매량을 이산화탄소로 환산 시 약 6,300만 톤에 달해 휘발유 자동차 약 3,000만 대의 연간 배출량과 맞먹는다. 그래서 물로 만든 냉매 등 친환경 냉매에 대한 개선이 많이 이루어지고 있다. 대형 마트는 재료를 원거리에서 구매하게 되므로 로컬 푸드 망도 파괴한다. 이런 이유로 푸드 탄소 마일리지를 증가시킨다. 해외 직구, 배달 산업은 그 불량한 촉매다.

이 문제를 해결하기 위해 세계 여러 도시에서 로컬 푸드 운동이 벌어지고 있다. 로컬 푸드는 '현재 소비자가 거주하는 지역에서 생산된 농산물'을 의미한다. 물리적 거리 기준은 판매 시장으로부터 반경 10마일(16km)부터 50km, 하루 안에 운전하여 갈 수 있는 거리까지 다양하지만, 땅이 좁은 한국에서는 '같은 시·도·군에서 생산된 농산물'로 합의되고 있다. 이 기준에 따르면 지금 한국 도시의 마트나 백화점에서 많이 팔리는 바나나, 아보카도, 멜론, 그리고 열대과일, 중국산 김치 등은 로컬 푸드가 아니다.

로컬 푸드 논의는 1990년대 초 유럽에서 시작했다. 믿을 수 있고 안전한 식품을 원하는 소비자와 지역 농업의 지속적인 발전을 꾀하려는 생산자의 이해가 만나면서다. 바다나 강이 없는 지역이 있어서 해산물은 포함되지 않는다. 이후 미국과 일본을 포함한 세계 각국에서 로컬 푸드 관심이 커져 이탈리아의 슬로푸드, 네덜란드의 그린 케어팜, 캐나다와 미국의 100마일 다이어트 운동, 일본의 지산지소(地産地消) 운동, 한국의 신토불이 운동이 생겨났다. 대부분 3040 세대가 주축이다. '100마일 다이어트 운동'은 좀 사연이 있는데 시작은 맥도날드 폐해를 직접 자기 몸으로 실험했던 다큐 영화 〈슈퍼 사이즈 미(Super Size Me)〉와 비슷하다. 캐나다 밴쿠버에 사는 남녀 프리랜서 기자인 앨리사 스미스, 제임스 매키넌이 공장화된 식품 유통에 의문을 품고 1년 동안 거주지 반경 100마일 이내에서 자라고 생산된 음식만 먹는 실험을 하면서 겪은 이야기를 조리법과 함께 풀어낸 에세이 『100마일 다이어트』에서 시작되었다. 두 사람이 이 도전에 이끌린 이유는 평범한 북아메리카 사람들이 식탁에 앉아 먹는 음식 재료들이 평균 1,500마일 이상 떨어진 거리에서 이동해 온 것이라는 사실을 알게 된 후부터다. 이 실험 이후 캐나다와 미국 곳곳에서 '100마일', '50마일', '250마일' 등 자신들 상황과 조건에 알맞게 늘리고 줄인 로컬 푸드 운동이 퍼졌다.[1] 한국은 2008년에 한국 로컬 푸드

1번지로 불리는 전북 완주에서 로컬 푸드 협동조합 운동이 본격 진행되었고 10여 년 전부터는 도시 농부가 생산한 농산물과 수제 브랜드를 직거래하는 마르쉐@혜화 등도 생겨났다.

---

1   로컬 푸드 매장은 가능하면 걷기나 자전거/카트로 이용하는 게 탄소 중립 취지에 맞는다. 지방은 몰라도 도시 골목 시장의 경우 주차장이 없는 경우가 많아 소량으로 자주 구매하는 것이 바람직하다. 천천히 걷기와 특정 가게 단골 만들기 그리고 집 활용도를 높이려면 냉장고 숫자 줄이기와 작은 것 쓰기도 추천.

22. 축제 3.0 - 탄소 중립 축제

나는 퇴사 후 춘천마임축제 감독을 3년간 했고 지금도 서울시 축제 평가나 용역 심사를 한다. 덕분에 일반인들보다는 국내외 많은 축제를 보았고 관련 지자체 속사정도 좀 안다. 한국은 이제 축제 공화국이라 할 정도가 축제가 늘었다. 보수적으로는 1,500개에서 많게는 1만 3,000개 축제가 벌어진다고 할 정도다(일본은 2만 5,000개로 추산). 장점도 많지만 우후죽순으로 늘면서 폐해도 증가하고 있다. 그래서 '미래 축제와 기후 시민' 관련해서 상황을 전하고 지자체에 제안도 해 보려 한다. 이제 우리는 물어야 한다.

"기후 위기 시대에 축제는 어떠해야 하는가?"

이제까지의 축제

그간의 축제를 두 단계로 나누면 1980년대까지 자발적으로 생겨난 축제가 1.0이다. 이 축제들은 전통문화를 기반으로 지역 필요로 생겨났고 참여 대상 역시 주로 지역 주민이었다. 진주 유등 축제, 제주도 들불 축제, 밀양 아리랑 축제 등이 예다. 1980년대 이후 정부, 지자체 주도로 생겨난 축제가 2.0이다. 인구 유출과 지역 경제 후퇴가 원인을 제공했다. 이 축제들은 특히 '관광 축제'라고 부른다. 문체부가 평가도 하고 지원도 하는데, 당연히 상업화된다. 화천 산천어 축제, 보령 머드 축제, 진도 신비의 바닷길 축제, 강릉 커피 축제, 원주 댄싱 페스티벌 등이 대표적이다. 민간 단체가 상업적으로 하거나 애호가가 특정 기호를 가지는 커뮤니티 구축을 목적으로 하는 축제도 있다. 송도 록 페스티벌이나 월드 DJ 페스티벌 등이 전자의 경우고 자라섬 재즈 페스티벌, 거창 연극제 등은 후자의 경우다.

사람들은 축제와 이벤트를 혼동하는 경우가 있는데 둘은 외형으로는 유사하지만, '제의성(祭儀性. thanks giving)이 있느냐 없느냐'로 축제와 이벤트는 나눠진다. 축제(祝祭)는, 한자의 뜻처럼 제의성 즉 신성한 뭔가를 기리고 자축하고 기원하는 의미가 강하다. 전통 사회에서 생겨난 축제들은 대부분 그런 제의성을 가지고 있다. 엑스포나 올림픽, 록 페스티벌 같은 이벤트는 그런 제의성이 없다. 컨벤션 효과만 노린다.

축제는 세 가지로 구분된다. 페스타(Festa), 페스티벌(Festival) 그리고 카니발(Carnival)이다. 페스타는 잔치다. 페스티벌은 종교성과 예술성을 가진 축제로 많은 축제가 이에 해당한다. 카니발은 기독교에서 유래한 사육제(謝肉祭)라고도 부른다. '謝肉'은 육식을 금한다는 뜻이다. 금욕하는 사순절 전에 일어나는 금기 해방, 역할 전도, 광란의 축제인데 주로 기독교 문화권에 있으며 한국에는 '난장(亂場)' 정도 외에는 진정한 의미의 사육제는 없다.

한국은 잔치 수준의 것을 빼고라도 250여 지자체에 축제가 서너 개씩은 있다. 대부분 가을과 봄에 이루어진다. 겨울과 여름에 하는 축제는 사냥 축제(산천어, 빙어, 은어 축제 등) 빼면 몇 개 되지 않는다. 가을인 9월 말과 11월 초에는 축제 붐이다. 대부분 관광 축제다. 문화체육관광부는 기존에는 관광 축제 중 전국에서 70여 개를 선정해서 글로벌/대표/최우수/우수/후보 등급을 매기고 지원금을 차등해서 제공했다. 지금은 등급제가 없어지고 지정 최우수 축제로 선정된 축제는 소액 지원만 하고 기존에 직접 지원금은 간접적으로 지원한다. 지역 문화 활성화를 위해서 야행(夜行), 문화의 날 등은 정책적으로 별도 지원한다.

축제는 지역 사회를 활성화하는 순기능도 있지만, 역기능도 꽤 있다. 특히 ESG 관련해서 보면 역기능이 더 많다. 교통 혼잡, 탄소 배출, 과소비와 쓰레기 양산, 지역 고유문화의 상업화·획일화 등이 그런 역기능이다. 연 1,000개의 축제에 평균 2만 명이(대부분 축제는 참가자 숫자를 부풀려 발표하는데 내 경험으로 보면 평균 6배 이상 부풀려 발표한다. 유료가 아니어서 추정이 어렵다) 온다고 치자. 그럼 연 2,000만 명이 몰리는 셈이다. 이 중 30%가 차를 타고 온다고 하면 600만 대. 평균 이동 거리는 편도 50km를 상회한다. 6,000,000대×100km×190g이 이들이 내는 연간 탄소 배출량이다. 차들이 몰리면 연비가 나빠져 탄소량은 더 발생한다. 폐막식에 습관적으로 하는 불꽃놀이는 화려한 볼거리지만 이 역시 엄청난 탄소와 질소를 공중에 쏟아 낸다. 먹거리 축제, 맥주 축제 등의 음식량과 쓰레기도 엄청나다. 홍보물로 쓰이는 배너, 플래카드 역시 문제다. 전기도 음악, 음향, 야간 조명, 푸드 트럭 때문에 꽤 많이 쓴다.

축제 3.0

축제 3.0은 일단 이러한 폐단과 기후 위기를 고려한 ESG 축제여야 한다. 쉽게 말하면 제로 웨이스트, 재생 에너지 사용-다회용기 사용 친환경, 로컬 콘텐츠 중심 등이 ESG 축제의 핵심이다.

춘천마임축제는 2022년부터 ESG 축제를 선포하고 배너, 플래카드를 만들지 않는다. 포스터는 손수건으로 대체, 축제 때 썼던 소품은 시민 대상으로 매각한다. 물건 나르는 플라스틱 박스는 축제 후에는 애막골 등에 설치해 LED 조명기구로 재활용한다. 불꽃놀이도 전통 낙화놀이로 대체했다. 전기는 친환경 대안 에너지를 써서 발전한다. 2023년엔 지역 맥주, 커피와 컬래버를 해서 마임 맥주, 마임 커피를 생산 판매한다. 커피박도 물론 재활용한다. 전주비빔밥 축제는 먹는 축제다 보니 1회용 은박지 플레이트 소모량이 많았는데 이 그릇을 뻥튀기로 대체했다. 먹을 걸 담은 뻥튀기는 후식이 된다. 어떤 축제는 차량 대신 자전거로 오면 할인해 준다. 내가 운영위원장으로 있던 곡성의 섬진강국제실험예술

제는 아예 생태 축제를 표방한다. 무대는 강과 숲 등 자연 그 자체다. 축제에 쓰는 예술 작품 소재를 그 지역에서 나는 돌, 나무, 흙 등으로 만들고 축제 후에는 그대로 예술 작품으로 상설 비치한다. 푸드 트럭은 없다. 축제는 이렇게 ESG 축제 즉, 3.0으로 전환 중이다.

3.0 시대에는 다음의 방법도 권할 만하다.

메타버스 축제: 한국과 미국은 세계에서 메타버스 2대 강국이다. 메타버스에서 축제를 열면 시공간 한계가 사라진다. 전국 그리고 전세계에서 참가할 수 있다. 축제 기간도 늘릴 수 있다. 화상 설루션을 이용해 작은 커뮤니티 단위로 축제 장면을 방송할 수도 있다. 그러면 여러 이유로 오지 못하는 이들은 축제를 실시간으로 간접 체험할 수 있다. 경북도청은 미국 LA 아래에 있는 항구도시 뉴포트비치와 제휴하여 2023년부터 '국제 AI-메타 영화제'를 하고 있다.

축제 나무 발자국: 축제하고 나면 축제 장소에 발생한 탄소만큼 나무를 심는 것도 생각해 볼 만하다. 얼마나 심어야 할까? 이는 산림청 탄소나무계산기를 응용하면 된다. 참고로 우리나라 주요 수종들의 연간 탄소 흡수량은 상수리나무(15.5kg) > 잣나무

(14.0kg) > 신갈나무(10.7kg) > 소나무(9.2kg) 순이다. 축제가 진행될수록 그 축제는 생태형으로 진화할 것이다. 물총 등 플라스틱도 많이 수거되는데 이것은 장난감 리사이클링 전문 기관인 (사)트루(박준성 대표)나 서울시 새활용 플라자 등에 보내 리사이클링을 권한다.

🔵 2024년 기준 한국에 상장 기업이 2,700개 정도 된다. 대학교도 400개 안팎이다. 단과대 기준으로 보면 그 10배는 될 것이다. 지자체는 3,501개 행정동·읍·면이 있는데 광역시를 빼면 상장사 수와 비슷할 것으로 보인다. 이들 지자체 단위와 상장기업+대학교 단과대학이 결연해 휴가, 워케이션, 마을 호텔 이용, 특산물 선물 구매, 인재 특별 채용, 농번기 봉사 등을 하면 지역의 안정적 관계 인구 확보와 대학생 현장 체험에 도움이 될 것이다. 대도시 아파트 단지와 특정 마을 연계도 가능하다. 일회성 축제보다는 이런 지속 가능한 기업-대학-도시/마을 연계 활동을 찾는 게 국가 지혜다.

8부
기후 소득 20과
기업 ESG 엿보기

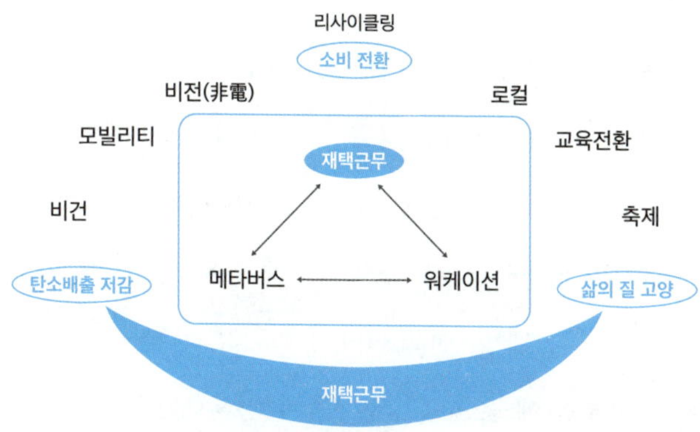

15분 도시는 삶의 질 고양과 탄소배출을 목표로 한다. 탄소 포집, 핵융합 에너지 같은 하이테크 기술 개발은 과학자의 몫이지만 15분 도시는 도시 설계로 가능하다. 15분 도시의 핵심은 재택근무이며, 이를 가능하게 하는 것이 메타버스 기술 그리고 워케이션 같은 라이프스타일 전환이다. 이들은 공무원을 포함한 2,700만 직장인의 삶을 바꿀 것이며, 이 책에서 다룬 소비 전환, 모빌리티, 비건, 로컬, 교육 전환, 비전(非電) 같은 방법들은 그를 강화한다.

이유진이 2013년에 쓴 『전환도시』에는 전환 마을로 유명한 영국 토트네스(영국 남서부 데본주의 마을. 인구 2만 5,000명) 사례가 나온다. 전환 마을의 목표는 기후 변화와 피크오일 위기를 극복할 수 있도록 지역공동체가 회복력을 높이는 것이다. 토트네스는 외부에서 온 활동가 롭 홉킨스 주도로 '에너지 하강 프로젝트(Skilling up for powerdown)'를 시작한다. 그리고 2006년 9월 '트랜지션 타운 토트네스(TTT)'를 만들어 운영했다.

분야는 ❖에너지(전환거리 프로젝트, 태양열 온수기 공동 구매, 협동조합 만들기, 재생가능 에너지 보급), ❖빌딩과 주택(생태건축과 코하우징 등), ❖교통(바이오 연료, 자전거 길), ❖경제와 삶터(에너지 고효율 전구 교체, 지역화폐, 지역기업지원), ❖푸드(텃밭 공유, 너트 나무 심기), 온라인 지역 산물 직거래 장터(생산자와 소비자 이어주기), ❖건강과 웰빙, ❖교육(마이 스토리, 전환 도서관), ❖문화 예술(지속 가능한 예술, 창조), ❖마음과 영혼(멘토링, 워크숍, 내적 성찰과 생태적 전환)에 걸쳐 있다.

이 효과는 이 전환을 배우기 위해 찾아온 이들의 지역 경제 기여 효과 2억 2,000만 원, 태양광 발전기로 건물 전력의 1/3 충당, 186그루의 너트 나무 식수, 70개 이상의 상점이 토트네스 파운드를 받고, 텃밭 공유로 13개 텃밭에서 30여 명이 일을 해 50가구에 제공, 800명의 사람과 35개 지역 조직의 의견을 반영하고 27번의 시민 참여 회의를 통해 에너지 하강 운동 계획 수립, BBC의 〈디 원 쇼〉, 알 자지라 TV, 인 비즈니스 라디오 등 방송과 언론의 주목을 받음 등 30여 개 이상의 숫자로 나타났다. 이것은 영국 소도시 사례다. 이를 참고하면서 한국의 도시들은 같이 또 다르게 전환해야 한다.

시민들이 기후 행동에 참여하도록 하려면 우선은 '15분 도시의 비전'과 '기후 소득'이라는 두 개의 당근이 필요하다. 15분 도시

비전은 위에 표로 그려서 제시한다. 궁극적으로는 탄소 배출 감소와 삶의 질 고양이 목표다. 이런 당근 효과가 얼마간 지속되어야 이후 자발적인 기후 행동이 가능하다. 이런 기후 소득을 주관하는 부서로 지자체장 직속의 '(가칭)기후에너지부속실' 운영을 추천한다. 주민의 자발적 참여와 창의적 아이디어를 위해 기후시민위원회를 같이 운영하면 더 효과적일 것이다.

기후 소득은 기후 문제를 실천하는 과정에서 생긴 소득을 말한다. 현재는 매우 미미하다. 기후 소득은 ❖신규 소득 창출 ❖비용 절약 ❖전환 세 방법으로 나눌 수 있다. 다음은 현재 시행 중인 프로그램 소개와 향후 새롭게 추진하면 좋을 만한 아이디어들이다.

신규 소득 창출

① 환경부 산하 '한국환경산업기술원'은 전 국민 대상으로 탄소 중립 포인트제를 시행한다. 예산은 인센티브 포함 160억 원. 2025년 7월 기준 참여 가구 수는 202만 명. 예산이 증액되지 않아 해마다 조기 소진된다.

② 경기도는 2024년 하반기부터 탄소 중립 실천 활동을 수행한 만 7세 이상 도민에게 각 실천 활동에 대한 사회적 가치를 평가하여 기회 소득을 지급한다. '기후 행동 기회 소득(행소)' 앱을 설치하고 도민 인증을 받으면 총 16가지의 실천 항목에 참가하면 된

다. 16가지 항목은 1. 기후 도민 인증 2. 기후 퀴즈 풀이 3. 환경교육 참가 4. 줍깅/플로깅 참여 5. 생물다양성 탐사 활동 참가 6. 소통(도민 초대) 7. 가정용 태양광 발전 설비 설치 8. 고효율 가전제품 구입 9. PC 절전 프로그램 사용 10. 폐가전제품 자원순환 11. 배달 음식 다회용기 이용 12. 고품질 재활용품 13. 텀블러 할인 카페 이용 14. 대중교통 이용 15. 걷기 16. 자전거 이용 등이다. 2025년 7월 기준 134만 9,937명이 참가했고 도내 시, 군 지자체는 자체 이벤트도 벌인다. 이 활동으로 탄소 절감은 198만 6,675그루를 심은 효과라고 한다. 2025년 리워드 예산은 전년 대비 5배가 늘어난 400억 원(얼추 도 예산의 0.1%, 도 인구로 나누면 2,700원/인 꼴). 1인당 연 6만 원까지 지급한다.

③ 신안군 등에서 하는 햇빛/바람 연금, 성대골 태양광 조합 배당, 타 도시에서 하는 풍력 배당 소득 등은 상대적으로 수입이 짭짤하며 공동체를 결속하는 유인으로 작동한다.

④ 재봉틀 활용하기- 집이나 지자체 주민회관에 재봉틀 센터를 다수 설치 활용하면 집에서 쓰지 않는 옷가지, 천, 에코백 등을 활용해 재활용할 수 있다. 관내 세탁소와는 다른 방식으로 운영해야 한다. 연 수십만 원 절약 효과를 올릴 수 있고 디자인 감각이 좋은 시민은 부업/사업도 가능하다. 그러면 전국에 수백 개의 프라이탁이 나올 수 있다. '서울새활용플라자' 참고.

비용 절감

⑤ 모빌리티로 하이패스 이용, 하이브리드/전기차 구매 방법이 있다. 차는 구입 시 100~300만 원 할인 효과, 공영주차장 이용 시 50% 할인이 된다. 지자체 공무원들과 교직원 차는 가능하면 소형, 하이브리드차로 교체한다. 지자체장 차는 대부분 카니발을 쓰는데 이 역시 친환경 차로 교체한다. 고 박원순 시장은 모닝 전기차를 관용차로 썼다.

⑥ 동네 재활용품 활용하기

＊개인: 버려진 책장, 화분, 고가구 등을 들여오면 연 50~60만 원 수입 대체 효과가 가능해 신규 구매 비용이 절약된다.

＊공동체: 동, 아파트 단지별로 분기별 바자회를 열고 지자체는 이를 지원한다.

⑦ 공유 공방- 지자체에서 설치 운영하면 집에서 필요한 간단한 가구나 책상, 도마, 수저 등을 만들어 쓸 수 있다. 이용자는 초기에는 교육비, 후에는 재료비만 부담하면 가능하다. 서울혁신파크 내 공유 목공방은 은평구 지역 주부, 중년 남성들의 참여도가 생각 이상으로 꽤 높았다. 이곳 회원들은 상호 아이디어를 공유하는 커뮤니티를 만든다.

⑧ 집수리 교육과 실천- ⑦과 마찬가지로 지자체 공유 공간

내에서 실기 교육을 마치고, 자기 집을 수리하면 연 수십만 원 이상의 인건비 절감 효과가 가능하다.

⑨ 폐자전거 재활용-현재 자전거 정비소가 감소 추세다. 관련 사회적 기업을 설립 지원하면 자전거 문화와 재활용으로 도시 쓰레기를 줄이고, 모빌리티 개선이 가능하며 각 가구의 경우 연 수십만 원의 자전거 구매비를 30~40% 줄일 수 있다.

전환

⑩ 지역 축제 때 불꽃놀이 금지 혹은 낙화놀이로 대체. 굽고 튀기는 푸드 트럭을 규제하고, 그 대신 삶는 음식이나 로컬 과일/생식으로 전환. 축제 장소는 걸어서 참가가 가능한 시내 중심으로. 시 외곽으로 빼면 심각한 교통 혼잡과 탄소 배출 문제 발생.

⑪ 공무원/의원들이 비행기를 타는 단체 해외 연수 금지 조례를 만들고 대신 초청 프로그램이나 국내 지역 탐방 혹은 화상 회의로 전환. 그러면 지자체 기준 연 수억 원을 절약할 수 있다.

⑫ 동네 꽃 심기와 퇴비 공유, 공원 재야생화.

＊지역 내 주택 앞에 화분 비치, 아파트 테라스에 화초와 식물 설치하기 캠페인. 미관이 올라가 지대가 상승하며 꿀벌들이 날아와 생태계가 살아난다. 유럽 옛 도시, 고한읍 마을 호텔, 광주 양림동 펭귄 마을 사례 참조.

＊지자체는 가로수 전지, 수풀 정리, 목공방 톱밥, 음식 쓰레기를 수거해
집단 퇴비를 만들어 주민에게 무료 공급
＊인공, 관상용 공원을 재야생화 개념과 영구 농법 등 실용 공원으로 전환

⑬ 광고 혹은 정치용 현수막 설치 최소화 조례 제정. 불가피하게 설치한 경우라도 재활용 지침 준수를 요구하는 내용 포함. 궁극적으로는 현수막 전면 금지로 전환. 대신 상점 광고 등은 지자체 홈피에서 별도 '우리 동네 상점 소개 코너'를 제공한다.

⑭ 지자체 내 혹은 지자체 간 공무원이나 연관 단체 회의는 가능하면 화상 회의로 전환한다. 모빌리티 탄소 절감 및 시간 절약이 가능해지고 원거리 참가자가 늘어난다. 단, 효과적인 회의를 위해 화상 장비/1인 룸 확보와 화상 리터러시 & 화상 큐레이터 육성 교육이 필요하다.

⑮ 수도권의 경우 학원들이 대면 강의보다 디지털을 활용한 화상 강의 80% 이상으로 전환 권장하고 이를 실시하는 학원의 경우, 학원비는 50% 인하 운영한다. 대신 지자체는 기후 행동 펭귄 학원으로 지정하고 세금 감면 등 혜택을 부여한다.

＊＊ 펭귄은 퍼스트 펭귄, 온난화 피해 동물로 기후 행동 시그니처가 됨

⑯ 회관, 체육관, 교회, 향교/서원, 도서관, 창고 등 유휴시설을 활용해 지역 공용 오피스를 적극적으로 확보. 직장인들의 15분

도시, 재택근무를 지원한다. 특히 수도권.

⑰ 지역 내 착한 식당에 더해 기후 펭귄 식당을 지정, 지원한다. 기후 식당은 반찬을 3개 이내 등 쓰레기 종량제를 지키고 가능한 한 굽고 튀기는 육고기보다 삶거나 두부, 야채 등을 취급하는 식당 그리고 프랑스 베이커리처럼 정기적으로 학교에 가서 학생들에게 요리하는 법을 가르치는 식당업체로 선정한다. 식당 개념의 전환이다.

⑱ 공무원 의식(ritual) 전환- 5급 공무원 이상은 하객 50명 이내로 제한하는 '작은 결혼식' 장려. 5급 공무원 이상 의원 포함, 경조사 시 화환 주고받기 금지.

⑲ 고향 사랑 기부제를 전환해 항목에 고향 청색 기술 지정 혹은 기후 투자 지정 기부제를 추가해 운영.

예) 태양광 패널 설치, 기후 교육, 황금 쌀과 클로렐라(군터 파울리 책으로 쌀과 클로렐라의 대화를 통해 우리가 먹는 음식과 유전자 변형 문제를 쉽게 가르쳐 줌) 스쿨, 기후 식당, 생협 운영 등

⑳ (대)학교 전환- 지역 내 학교와 연계해 대학교는 주민들에게 교육 프로그램이나 청색 창업 공간 제공, 도시 내 대학교 활동 소개 공간을 운영하고 초·중·고등학교는 창고, 실험실 등을 제공하도록 권장한다. 학생들은 일주일 이상 지역 내 농촌/공동체/메이커/기후 교육 등 농(農)케이션과 런(learn)케이션 체험 교육. 정

례화 지원.

이상 20가지 정책을 시행할 때 이를 구체적인 기후 소득으로 환산하기는 정도, 범위 등의 문제가 있어 어렵지만 앞에서 밑줄 친 토트네스 마을 기후 소득 사례처럼 지금보다 15~30% 정도는 예산 절약 혹은 생성이 가능할 것으로 예상한다. 재봉틀 전환만 잘해도 의류비의 20%는 줄일 수 있다. 예산 절감 효과 외에 신안군처럼 홍보 효과가 생기며 탄소 마일리지도 줄어들고 시간을 포함한 자원의 전환 활용으로 시민들 삶의 질과 자부심이 올라가는 부수 효과도 무시할 수 없다.

기업의 기후 행동 엿보기

ESG는 현재 기업 몫으로 알려져 있다. 유럽 규제와 미국의 블랙록 투자 방침 그리고 소비자들(특히 잘파세대) 감시로 이들 기업의 활동이 앞선 것도 사실이다. 공무원들은 이들 기업의 사례를 참고하면서 지원과 개입을 병행해야 한다. 기업은 그린워싱(greenwashing)도 많이 한다. 지자체는 이런 나쁜 워싱에 속지 않아야 한다.

ESG는 세 가지 이유로 점점 더 선택이 아니라 기업 활동의 필수 요소가 될 것이다.

첫째, 세대 교체. 특히 MZ세대와 알파 세대는 어떤 세대보다 기후 관심이 높다. 직장을 고르는 기준도 ESG가 들어간다. 관련 콘텐츠도 주목을 받는 중이다. 예로 문재인 전 대통령도 추천한 산호 작가의 『그리고 마녀는 숲으로 갔다』는 기후 위기, 산불의 재앙, 만신들(책에서는 '마녀')의 신비한 숲 치유력을 소재로 한 '에코 페미니즘' 만화다. 디지털 네이티브인 이들은 화상 회의, 메타버스도 쉽게 수용한다.

둘째, 미국 기후 악당 리더들이 기후 위기 문제를 외면함으로써 국제 주도권은 향후 중국과 유럽 등으로 옮길 것이다. 중국의 그린테크 투자는 무서울 정도다. 유럽도 기후 문제만큼은 강화할 것이다. 유럽 전역이 전례 없는 기상 난동을 겪고 있기 때문이다. 한국 기업도 이에 맞춰야 한다.

셋째, 선도 그룹의 활동. 글로벌 대기업들의 ESG 강화. 빌 게이츠는 직접 공기 포집 기술, 청정에너지, 저배출 시멘트, 철강, 고기 등을 포함해 제로 탄소 프로젝트에 10억 달러 이상 투자했고 본인의 비행기 탄소발자국을 제로로 만들기 위해 지속 가능한 제트 연료로 교체했다. 애플은 2030 탄소 중립 계획에 따라 복원 기금 2억 불을 조성하여 '지속 가능한 숲(대기에서 탄소를 제거하고, 건축 자재 및 종이로 사용될 수 있는 나무를 생산)'에 투자하는 방식으로 수익을 창출할 예정이고, JP모건체이스는 향후 10년 동안 2조 5,000억 달러 조달 계획을 발표했으며, 해당 자금에는 '그린 이니셔티브' 1조 달러가 포함된다고 밝혔다. 마스터카드도 2050 탄소 중립 목표를 세우고, 탄소 계산기를 출시하여 나무 심기 기부를 유도하겠다는 계획이다. 기업들의 이런 탄소 중립 ESG 기여는 '탄소 국경세', 'Scope 3 공시'(부록 21. 참조) 등 규제에 대응하기만 하는 태도로는 실현할 수 없다.

현재 탄소 중립을 공격적으로 하는 '비콥' 기업들도 늘고 있다. 파타고니아부터 아마존이 탐내는 신발업체 올버즈, 온라인 교육 플랫폼 코세라, 안경업체 와비파커 등이 여기 해당한다. 최근에는 대기업들도 비콥 인증에 동참하려고 한다. 유니레버, 더바디샵, 다논, 일리까페 등은 ESG 경영의 모범 사례로 꼽히는 기업인데 모두 비콥 인증을 받았다. 2022년 기준으로 세계 77개국에서 4,500개가 넘는 기업이 비콥 인증을 획득했다. 이를 응용하면 지자체도 '비콥-지자체 인증마크제'를 기후에너지환경부 주도로 시행할 수 있을 듯하다. 문체부가 시행 중인 문화 도시 선정 프로젝트 이상의 효과를 거둘 수도 있다.

한국 기업과 지자체가 향후 협동할 ESG 아이디어를 몇 가지 소개한다. 이는 '기후에너지실'에서 검토할 아이템이기도 하다.

1. ESG 클러스터 경영: 서로 경쟁 관계가 아니고 기업 이념을 ESG 로 같이 하는 기업들의 클러스터를 만들어 시너지를 창출하기.

예를 들어 풀무원('나를 위해, 지구를 위해' 표방), 경동 나비엔('생활환경 가전' 회사), 구루미(화상 설루션으로 소통 강화 및 탄소 절감), 파타고니아 코리아. 한림대/한동대 등 강소 지방대, 충남 예산 황새마을이 'ESG 클러스터'를 만들어 자원(예: 합동 교육, 연수원, 비품 공동 구매 등)을 공유하고 유통과 마케팅을 협조한다면 자원이 절약되고 사회 영향력이 커지며 산-학-로컬 거버넌스가 가능해진다.

❸ 미국의 올버즈(Allbirds)는 연 매출 3,000억 원 정도의 비콥 신발 회사다. 디카프리오가 투자하고 오바마 대통령이 신어서 유명해졌다. 뉴질랜드 양털과 유칼립투스 섬유를 이용한 천연 재료, 이 재료를 섬유로 만드는 이탈리아 섬유회사, 한국 부산의 신발 기업과 클러스터로 신발을 제조한다. 남미의 석유 정제 대기업과 사탕수수를 이용한 천연 발포 고무를 개발하고 아디다스와 공동 브랜딩도 한다. 탄소 평가 지표를 만들어 다른 기업들이 활용하도록 공개한다. 월마트, 아마존 등이 올버즈 신발을 모방해서 저가로 출시했다가 호된 비난을 받았다.

2. **못생긴 과일, 천연 재료 재활용**: 태풍, 우박, 새가 쪼아 먹거나 못생긴 이유 등으로 버려지는 과일 채소가 세계적으로 20~30%다. 버려지는 과일은 부패해서 수질을 오염시키고 메테인가스

를 발생시킨다. 농가 소득도 줄어든다. 지자체의 손실로 이어진다. 이런 버려지는 과일이나 활용도가 낮은 천연 재료를 개발해 농가 수입도 올리고 온난화 가스도 막는 업사이클링을 더 많이 찾아내자.

❿ 11번가는 2022년부터 농협과 손잡고 못생긴 과일을 골라 '어글리러블리'란 브랜드로 출시했다. 세척과 품질 인증은 농협이 맡고 판매 및 홍보는 11번가가 한다. 유통 스타트업인 '파머스페이스'는 일찍 이 사업을 시작했다. 우박에 찍힌 사과를 '보조개 사과'로 명명해서 파는 재치로 어떤 못생긴 과일은 10톤 이상을 팔기도 했다. 이탈리아 밀라노에 있는 와인 생산 및 소재 기업인 비제아는 와인을 제조하고 버리는 포도 껍질과 줄기, 씨를 가공하여 와인 가죽을 만든다. 매해 260억 리터 와인을 가공하면 포도 찌꺼기도 70억kg이 나오기 때문에 약 30억㎡의 와인 가죽을 생산할 수 있다. 스페인 기업인 피나텍스는 파인애플 잎사귀로 섬유 가죽을 만들며, 미국 회사 마일로는 중국이 원산지인 대형 버섯의 갓 부분에서 버섯 가죽을 만들고, 미국 샌프란시스코의 스타트업 마이코워크스는 버섯 균사체를 이용해 패션 의류용 가죽부터 벽돌까지 다양한 원자재를 만들고, 멕시코 데세르토는 선인장으로 가죽을 만든다.

3. 지역 호텔 ESG: 호텔 아침 뷔페는 조금만 먹는 사람도 많은데

일괄적으로 비용을 받으니 비싸고 과식, 많은 음식 쓰레기가 나온다. 탄소 마일리지가 많이 생기는 수입 과일도 많다. 뷔페를 둘로 나누어 ①기존대로 먹을 사람과 ②수프와 커피 등 소식할 사람은 그 값 대신 쌀, 버섯, 김 같은 그 지방 특산품을 선택하도록 하는 방법은 어떤가? 쓰레기는 줄고 지역 경제엔 보탬, 고객은 추억을 가져갈 것이다. 골프장에서 홀인원이나 이글을 하면 그 홀에 나무를 심는 관행이 있다. 호텔 고객 중 VIP, 결혼이나 돌 기념 고객에게 '기후 시민 나무 심기' 프로그램을 팔자. 자신의 이름을 붙인 나무를 심으면 그 호텔에 다시 올 이유도 생기고 본인이 소비한 탄소를 상쇄하는 효과가 있다.

ESG를 기업 ESG로 예시했지만, 기업과 지자체가 연동해 시행하면 그 효과가 더 늘어난다. 예로 앞서의 'ESG 클러스터 경영'을 섬진강을 둘러싼 구례, 남원, 하동, 광양, 곡성 등 7개 지자체에 적용해 보자. 나는 이를 '섬사클(섬진강을 사랑하는 클러스터)'이라고 해서 2022년쯤 문화 활동 단체에 제안했는데 덩치가 너무 크다고 생각했는지 그들은 입맛만 다셨다.

그 구상은 이렇다.

섬진강은 강, 두꺼비, 재첩, 화개장터, 생태숲 등 자연유산과 기차마을, 황포 배, 도깨비 마을, 심청, 절, 압록 이야기(6·25 전쟁 때 경찰이 북한군을 궤멸한 전투), 축제, 예술가 등이 있는 큰 강이다. 이 주변엔 수백 개 이상의 문화단체들이 활동하지만 다 따로국밥이다. 지자체도 각자 개발 계획을 세운다. 그러니 효과가 없고 중복 투자가 많다. 옆에 지리산이나 서귀포를 이기지 못한다. 그래서 대안이 7개 지자체가 유산들을 묶는 하나의 클러스터를 만들어 지분 참여하고, 클러스터에 가입한 사회문화 단체나 장소(식당, 호텔, 숙박업소 등)는 콘텐츠 개발, 홍보, 서비스, 워케이션, 사진/영화 촬영 등을 공유하는 플랫폼을 만들어 운영하자는 것이다. 전국 혹은 해외에서 섬진강 유산에 관심 있는 개인, 단체, 학교를 유료 구독자로 유입시켜 구독 회원이 10만이 넘어가면 풀무원, CJ, 동아 오츠카, 네이버, 하나투어 등 식품 & 콘텐츠 기업은 자연스럽게 고액 후원자로 들어온다. 이것이 기업과 지자체의 ESG 통합 실행 전략이다. 과거 가평 남이섬에서 자라섬, 강촌, 춘천 의암호 애니메이션 센터와 소양강을 잇는, 이른바 '북한강 컬처 벨트'가 제안됐는데, 지역주의와 지자체장들의 무관심으로 무용화된 일이 있다. 자꾸 개별 공무원이 교부금만 타서 자기 지역만 생각하지 말고 이런 클러스터 전략을 써야 한다. 라인강은 개별 구역이 아니라 라인강 전체를 스토리텔링한다. 그러니 해외에서도 유명한 라인 클러스터가 된다.

🔘 남도국제미식박람회 – 2025년 10월, 전남도청과 목포시가 주도한

이 미식 박람회는 전남의 각 지자체가 다 참여했다. 각 지자체 미식 명인도 물론 참가했고 식품/주방기기 기업도 일부 참가했다. 실질적 1회라 홍보 미흡으로 외국인이나 국내인 관광객은 적었지만 향후 '남도 미식 클러스터 경영'의 길을 열었다고 본다. 이것이 확대되면 전남 지역 각 지자체 투어 박람회(섬 음식 투어도 가능)도 열릴 수 있고 그러면 더 많은 기업과 지자체가 클러스터 경영을 할 수 있다.

공무원은 힘이 세다

이 책은 처음에는 깨어 있는 기후 시민을 대상으로 썼는데 퇴고를 거듭하면서 공무원으로 수정했다. 사회 변화에 미치는 공무원의 힘이 세고 그들의 자질과 가치관도 우수하기 때문이다. 크게는 정부 차원의 새마을 운동, 전자정부, IT 도로 구축부터 작게는 부산의 15분 도시, 경북의 메타 영화제, 상주의 자전거 도시, 순천의 정원 프로젝트, 신안군의 퍼플섬과 바람/햇빛 연금, 가평의 자라섬 축제, 춘천 인형극 성공, 영월의 박물관 등 모두 공무원들의 기획과 지원이 절대적이었다. 물론 그 뒤엔 핑크 펭귄과 깨인 주민들이 있었고.

공동체는 전환이 어려운 문화와 가치관을 보존하고 있다. 공동체의 가치관은 습관을 바꾸고, 습관은 행동을 바꾸는 중요한 동력이 되는데 120만 공무원이 노력하면 5,000만 국민/공동체 가치관과 습관을 꽤 바꿀 수 있다. 기후 행정은 국민의 기존 습관을 전환하는 행정이 되어야 한다고 본다. 그러면 그 완고한 습관을 어떻게 바꿀 수 있을까?

〈뉴욕 타임스〉 탐사 전문 기자인 찰스 두히그가 쓴 『습관의 힘』(2012)엔 '신호-반복 행동-보상'에 대한 행동 변화의 고리 이야기가 나온다.

1. **신호 만들기**: 절식하는 사람은 식당에 앉으면 "나 다이어트 중이야. 5kg 빼야 해."라고 신호를 보낸다. 파타고니아 CEO 이본 쉬나드는 "나는 지구를 위해 비즈니스를 한다."라고 공언한다. 이런 외부 신호는 뇌가 경각심을 가지게 된다.

2. **보상**: 금연에 성공하면 지인들은 "독한 놈"이라고 하지 말고 "의지가 굳은 사람"으로 보상을 주라. 채식주의를 선언해도 그렇게 해 주자. 점심시간 대신 릴랙스 타임에 5시 퇴근할 수 있고 퇴근 지옥에서 해방되며 저녁이 있는 삶이 있다고 보상을 해 주라. (이 책에서 제시하는 기후 소득)

3. **위기의식**: 위기의식은 사람을 바꾸게 만든다. 국민에게 수시로 위기의식을 주라. 사람들은 해석의 동물이다. 정부가 지금의 자연 변화를 다르게 해석하면 국민은 굳이 위기라고 느끼지 않을 것이다.

4. **중간 완충 과정(투 트랙)**: 강제적인 원(One) 트랙이 아니라 투 트랙으로 제시하면 반발은 줄어들 것이다. 예로 전남 광양 정도 거리의 장례식장에 오는 것을 오거나 말거나 양자택일이 아니라 화상으로 중계해서 메타버스 시대에 맞게 화상 문상을 할 수 있는 방법을 하나 더 주어 보자.

5. 어떤 계기: 코로나19가 발생하자 중국 공장 가동이 줄고 소비가 줄고 축제가 연기되고 비행기 여행이 줄었다. 장례식과 결혼식도 "가족 중심으로 하여 초대하지 않습니다."라는 새 문화도 만들어졌다. 이런 계기는 사람들에게 관습, 습관 변화를 자연스럽게 유도하며 문화나 뇌도 그걸 받아들인다. 지금 기후 사인은 그런 계기를 충분히 만들어 주고 있다.

공무원은 힘이 세다. 행정은 가장 강력한 기후 행동 도구다. 기후 소득은 모두의 권리이자 기회다. "이것이 모든 것을 바꾼다."라고 하는데 그 변화에 대한 선제 대응은 지금, 기후 행정, 기후 소득 여기서 시작된다. 기후 행정을 잘 펼치면 (기본소득을 넘는) 기후 소득이 생길 수 있다. 나는 그것을 서울혁신파크, 따릉이, 동작구 성대골, 전남 신안군, 영국 토트네스 마을을 포함해서 기업들의 비콥 선언 등 사례를 이 책 곳곳에서 제시했다. 나도 작년부터 개인적으로는 최소 연 수백만 원 기후 소득을 올리는 중이다. 하이브리드 자동차, 재활용품 애용, 정원 가꾸기, 외식 안 하고 재택근무 전환, 시간 리추얼 전환 등을 통해서! 여기에 기후 행정 지원이 붙으면 그 소득은 더 늘어날 것이다.

공무원은 힘이 세지만, 그간 행정은 기후 위기 관련해서는 그 힘을 30%도 쓰지 않는 것 같다. 그 이야기를 뒤집으면 앞으로는 세 배 이상 힘을 쓸 수 있다는 것이다. 향후 2050년까지 남은 25년 간 매년 세 배 이상 기후 행정을 펼치고 기후 소득을 올리도록 하면 그 승수효과는 꽤 클 것이다. '기후에너지' 비서관이 생겼고 환경부가 '기후에너지환경부'로 성격이 전환, 확대된 것은 그 시작의 청신호로 읽힌다.

정부가 선언한 2050년 넷제로를 달성하려면 이제까지 방식으로는 거의 불가능하다. 이것은 의무 이전에 우리 생존에 관한 것이다. 2025년 영남 지방에 전례 없는 산불이 일어났다. 열대야는 최장 기록을 끊었고 강릉 가뭄도 이례적이었다. 나는 태어나서 가을까지 태풍 한 번 없고 가을에 이처럼 자주 비가 내리는 경험은 처음이다. 지구가 보낸 여섯 번째 편지가 이미 실현되고 있는가?

우리 다음 세대가 지금 이런 상황을 누구보다 불안하게 보고 있다. 국민연금 개선보다 더 근본적인 문제다. 공무원 사회가 먼저 움직여야 한다. 여기에 시민 참여 플랫폼을 만들어 같이 노 저으면 배는 강력한 동력을 달고 간다. 당신이 아직도 흔들린다면 이 책의 1장 '비욘드 ①'을 다시 읽어 보기를 바란다. 거기 일단 변화의 깃발을 들었던 자를!

1. 핵융합 발전

수소 원자핵을 융합해 에너지를 생성하는 기술. 바닷물에서 추출한 중수소와 리튬에서 생산한 삼중수소를 연료로 사용한다. 이론상 화석연료 대비 에너지 효율이 높고, 방사성 폐기물이 거의 없으며, CO_2 배출이 없어 꿈의 에너지로 주목받는다. 다만, 기술/경제성/국제 협력 문제가 남아 있다. 플라스마 상태를 1억°C 이상 유지해야 하며, 이를 견디는 재료 개발이 필수다. 현재는 초전도 자석을 활용한 토카막(Tokamak) 구조로 플라스마를 가두는 방식이 연구 중. 투입 에너지 대비 산출 에너지 비율(Q값)이 22 이상이어야 상업화할 수 있으며, 현재까지 최고 기록은 2020년 미국의 SPARC(스팍. Smallest Possible ARC) 계획에서 Q=11이다. ITER(국제핵융합실험로) 프로젝트가 2030년대 시범 운전, 2050년대 상업화를 목표로 진행 중이며, 한국은 KSTAR 장치 개발과 ITER 참여로 기술 역량을 축적하고 있다. 중국은 독자적으로 '인공 태양' 실험로를 운영하며, 2020년 1억 ℃ 플라스마 유지에 성공했다. 2050년 이전 상용화가 목표다. 한국은 현대건설과 서울대가 초전도 기술 협력을 통해 핵융합로 건설 역량을 강화하고 있으며, ITER 프로젝트 참여를 통해 핵심 부품 공급에 기여하고 있다.

2. about 온실가스, 탄소

온실가스(greenhouse gases)-지구 대기에서 적외선 복사열을 흡수·반사해 온실효과를 유발하는 수증기, 이산화탄소, 메테인, 아산화질소 등. 수증기는 지구 기온을 생명체가 살 수 있는 약 15℃로 유지하는 데 필수다. 인위적 온실가스는 화석연료 사용, 농업, 산업 활동으로, 이산화탄소, 메테인, 수소불화탄소 등 인간 활동으로 생긴다.

*** 세계 온실가스 분야별 배출 비중- IPCC 분류 기준은 상위 섹터로 ① 에너지, ② 산업 공정, ③ 농/임업, ④ 폐기물로 나누는 것이다. 이에 따라 'Our World in Data.org(https://ourworldindata.org/)'가 작성한 2020년 기준으로는 에너지(73.2%)> 농/임업(18.4%)> 산업 공정(5.2%)> 폐기물(3.2%) 순으로 온실가스를 배출한다. 이 자료는 삼중의 동심으로 표시되는데 가운데 원은 상위 섹터, 두 번째 원이 중위 섹터 그리고 세 번째 원이 세부 항목이다. 각 상위 섹터별 중위 항목은 다음과 같다.

① 에너지: 가. 산업계 에너지 사용(24.2%. 철강 분야가 가장 많다), 나. 건물 에너지(17.5%. 공간 냉난방, 조명, 데이터센터와 데이터 전송 네트워크 구축 등. AI용 데이터센터는 전력을 기존보다 10배 이상 소비. 상업용 빌딩보다 가정 주거지 온실가스 배출량이 10.9%로 더 높다), 다. 교통(16.2%. 자동차 트럭 등 도로 운송이 11.9%나 된다) 외.

② **농업, 임업, 토지 사용**: 가. 가축 및 분뇨(Livestock & Manure. 5.8%), 나. 농업용 토양(4.1% 질소 비료 사용), 다. 농작물 소각 (3.5%), 라. 산림 파괴(2.2%), 마. 논농사(1.3%) 외.

③ **산업 공정**: 가. 시멘트(3%), 나. 화학(2.2)

④ **폐기물**: 가. 쓰레기 매립(Landfills. 1.9%), 나. 폐수(1.3%)

이에 따라 분류하면 한국은 '지표 누리' 기준으로 총배출량 (2022년 기준 72억 4,300만 톤CO_2eq) 중 에너지(86.9%. 한국은 철강 등 제조업 비중이 높다), 산업 공정(7.6%), 농업(3.2%), 폐기물 (2.4%) 순이다. 토지 이용 및 산림 효과(LULUCF. Land Use, Land-Use-Change, Forestry)로 온실가스 3억 7,800만 톤을 감축해 순 배출량은 686.5CO_2eq이다. 한국은 2018년 최고점인 78억 3,900만 톤을 기록한 이래 조금씩 감소 추세다.

국가별 배출 현황: 2022년 기준 OECD 회원국의 평균 온실가스 배출량은 1인당 7.78톤이고 세계 평균 온실가스 배출량은 1인당 4.66톤이다. '유엔기후변화협약' 자료에 따르면 국가별 배출(단위. 메가톤) 순위는 중국(10,065) > 미국(5,416) > 인도(2,654) >

러시아(1,711) > 일본(1,162) > 독일(759) > 이란(720) > 사우디 (635) > 한국(611) > 캐나다(555)이다. 중국 혼자서 41%, 미국까지 합하면 63%다. '인플루언서맵' 보고에 따르면 세계 36개 기업이 2023년에 배출한 탄소는 200억 톤이다. 전 세계 배출량 374억 톤의 절반이 넘는다. 사우디 아람코, 석탄 인도, 이란 국영 회사, 중국 시멘트 등 에너지 관련 국영기업들이 주류다.

탄소(Carbon. 炭素): 탄소 carbon은 라틴어 'carb-'에서 유래했는데 열, 불을 뜻한다. 석탄을 뜻하는 coal도 여기서 파생했고 이탈리아 파스타 요리 카르보나라도 석탄으로 구운 음식, 혹은 석탄 광부들이 즐겼다는 데서 나왔다고 한다. 주기율표 14족에 2주기에 속하는 원소로 원소기호는 C, 원자량은 12.0107g/mol(몰은 물질량의 단위. 어떤 입자가 아보가드로 수 6.02214076×10의 23제곱 개만큼 있을 때 이것을 하나로 묶어 1몰이라고 정의. 원자량은 기본적으로 무게가 없지만 화학적 편의상 탄소가 12를 기준으로 상대적인 무게 g으로 표시. 산소는 15g임), 승화점은 3,642℃. 동소체로 비결정성 탄소, 결정성인 흑연, 다이아몬드가 있다. 수소, 산소 또는 질소 등과 공유결합을 안정적으로 쉽게 형성할 수 있어 생체분자의 기본 요소가 되며 석탄과 석유의 주성분이다.

이산화탄소(CO_2): 탄소는 산소와 결합해 기체 형태로 존재한다. 탄소 중립과 관련해서는 탄소 화합 기체인 이산화탄소를 편의상 탄소로 부른다. 이산화탄소는 기후 온난화, 일산화탄소는 대기 오염을 일으킨다. 이산화탄소를 최초로 발견한 이는 조지프 블랙으로 1754년 산화칼슘에 약염기에 탄산 나트륨 또는 탄산칼륨을 실험하는 도중에 발견했다. 이산화탄소는 대리석(탄산칼슘)과 염화수소를 반응시키거나, 수많은 탄소 화합물, 다이아몬드 등의 탄소 동소체 등을 연소하는 인위적 방법이 있고 자연적으로는 대부분의 생물이 호흡하는 과정에서 부산물로 만들어진다. 광합성에 필수로 식물이 흡수해 산소로 바꾼다. 이산화탄소는 분자량 44g/mol로, 1몰당 44g의 질량을 가진다. 기체 상태에서도 무게를 가지며, 중력에 의해 대기권에 머물러 있다. 0℃, 1기압에서 44.8m³의 이산화탄소는 약 88kg인데 기체방정식(PV=nRT)과 몰 질량을 활용해 계산한다(일반인은 계산하기 어렵다). 상온에서 1톤의 이산화탄소 부피는 약 22.7m³이다. 기체 상태에서도 질량을 가지며, 밀폐된 공간에서는 중력에 의해 하강한다. 공기의 주요 성분은 질소 78%〉 산소 21%〉 아르곤 0.93%〉 이산화탄소 0.04%〉 그 외 헬륨, 네온, 크립톤, 제논 등 미량의 비활성기체와 수증기 순이다. 이산화탄소 비중은 극소량이지만 광합성과 기후 온난화에 큰 영향을 미친다.

메테인(CH₄): 가장 간단한 탄화수소로, 천연가스의 주성분이자 지구상 가장 풍부한 유기화합물. 무색무취의 기체로, 상온에서 기체 상태로 존재하며, 연소 시 이산화탄소와 물을 생성한다. 이산화탄소보다 약 25배 온난화 효과를 가지며, 대기 중 체류 시간은 약 12년. 인간 활동(농업, 축산, 폐기물 처리 등)이 전체 배출량의 60%이고, 습지, 쓰레기 매립장, 가축 소화 과정에서 미생물에 의해 생성된다. 소 한 마리가 하루 250L 메테인을 배출하며, 가축 전체는 지구 전체 메테인 배출량의 16%를 차지한다.

탄소발자국(Carbon Footprint): 2008년 영국에서 처음 도입. 제품 생산이나 일상생활에서 만들어 낸 이산화탄소의 총량을 표현. 무게 단위인 kg, 실제 광합성을 통해 감소시킬 수 있는 이산화탄소의 양을 나무의 수로 환산해서 표기한다. 제품 생산, 소비, 폐기까지 모든 단계의 온실가스 배출을 고려하며, 이산화탄소 환산 톤(tCO_2eq) 단위로 표현된다. 국제적으로 메테인 등 다양한 온실가스를 포함했지만, IPCC는 2022년 보고서에서 CO_2만 포함하는 정의를 채택했다. 탄소발자국은 산림청에서 운영하는 '탄소 나무 계산기' 사이트나 '한국기후 환경네트워크' 사이트를 이용하면 간단히 계산할 수 있다.

3. 럭셔리- 보복 소비

외부 요인에 의해 억눌렸던 소비가 한꺼번에 분출되는 현상. 왜, 어떻게 이루어질까? 다음은 '럭셔리 소비, 코로나19 진정 후에도 증가세 지속할 것'(출처: 이은희 인하대 소비자학과 교수, KDI 2021년 8월호)[1] 기사 요약본이다.

"첫째는 보복 소비 심리다. 즉 코로나19로 인해 억제됐던 소비 욕구가 분출하면서 만족을 크게 느낄 수 있는 소비로 몰리다 보니 평상시에는 하기 어려운 럭셔리 소비로 집중된 것으로 보인다. 또한 억제됐던 소비로 돈이 굳었던 점도 럭셔리 소비를 가능하게 한 요인이 된 것으로 보인다. 예를 들면 해외여행 및 신혼여행을 가지 못한 점을 들 수 있다.

둘째, 럭셔리 소비가 갖고 있는 동조 소비 성향과 차별화 욕구다. 올해 샤넬은 3번, 루이비통은 4번 가격을 인상했는데 오히려 오픈런이 증가했다.

셋째, MZ세대의 플렉스 문화. 이들은 인터넷에서 더 많은 시간을 보내고 더 많은 활동을 하게 됐다. 여기서는 사진이나 영상 등으로 자신을 좋은 이미지로 포장하고 '좋아요' 숫자나 댓글 등을 통해 인터넷에서 자신에 대한 인정 욕구를 충족시키고자 한다.

---

1   https://eiec.kdi.re.kr/publish/naraView.do?fcode=00002000040000100021&cidx=13444&sel_year=2021&sel_month=12&pp=20&pg=1

넷째, MZ세대의 리셀(resell) 문화. 이들은 재무관리와 투자를 일찍부터 고민한다. 대표적인 것이 명품, 운동화와 아트 상품에 투자. 이를 가능하게 만든 것이 리셀 중고 거래 앱들이다. MZ세대는 여러 차례 거래되더라도 신상품과 다름없이 받아들이는 'N차 신상' 트렌드를 가지고 있다."

4. 기후 테크(C-tech)

탄소 배출을 줄이기 위한 혁신 기술. 한국의 '2050 탄소중립 녹색성장위원회'에서는 유형을 ❖클린 테크(재생에너지, 에너지 저장, 건물 전기화 등 친환경 에너지 솔루션을 제공. 예: 미국 기업 오파워의 전력 사용량 분석 플랫폼으로 32TWh 절감), ❖에코 테크(폐기물 재활용, 저탄소 원료 개발, 친환경 제품 생산에 초점. 예: 폐기물 관리 시스템이나 업사이클링 제품 개발), ❖푸드 테크(식품 생산·유통 과정에서 탄소 감축을 추진. 예: 인공지능을 활용한 농업 자동화, 대체육 개발), ❖Geo-테크(GIS를 활용해 환경 모니터링, 도시 계획, 자연 자원 관리에 적용. 예: 위성 데이터를 통한 탄소 관측 및 기후 변화 예측) ❖카본 테크(탄소 포집·저장, 공정 혁신, 모빌리티 기술로 탄소 배출을 직접 감소. 예: 탄소 포집 기술로 공기 중 CO_2를 제거하거나, 전기차 보급 등) 총 5개로 분류했다. 기후 테크는 기후 시장이 있다는 얘기다. 무엇이 기후 테크인가? 정의에 따라 시장 규모는 풍선처럼 될 수도 있는데 일단 2023년 약 204억 달러, 2024년

253억 달러로 평가되며 2032년에는 1,480억 달러까지 커질 것으로 본다. 투자도 급증 추세다. 블룸버그는 2022년 전 세계 기후 변화 대응 투자 금액은 1조 6,000억 달러(에너지 전환 1조 1,000억 달러/전력망 2,740억 달러/기후 테크 기업 펀딩 1,190억 달러)로 분석했다. 2022년 글로벌 벤처캐피털도 기후 테크 산업에 701억 달러 이상을 투자했다. 매킨지는 2030년까지 9조 달러 이상으로 예상한다.

5. 기후 소득

기후 위기를 풀거나 동참하는 과정에서 생긴 소득. 기후 소득을 올리는 사례는 아래 등이 있다.

① 기후에너지환경부 산하 '한국환경산업기술원'은 전 국민 대상으로 탄소 중립 포인트제를 시행한다. 예산은 인센티브 포함 160억 원. 2025년 7월 기준 참여 가구 수는 202만 명. 예산이 증액되지 않아 해마다 조기 소진된다.

② 경기도는 2024년 하반기부터 탄소 중립 실천 활동을 수행한 만 7세 이상 도민에게 각 실천 활동에 대한 사회적 가치를 평가하여 기회 소득을 지급한다. 1인당 연 6만 원까지 지급받을 수 있다. '기후행동 기회소득(행소)' 앱을 설치하고 도민 인증을 받으면 총 16가지의 실천 항목에 참가하면 된다. 16가지 항목은 1. 기후

도민 인증 2. 기후 퀴즈 풀이 3. 환경교육 참가 4. 줍깅/플로깅 참여 5. 생물다양성 탐사 활동 참가 6. 소통(도민 초대) 7. 가정용 태양광 발전 설비 설치 8. 고효율 가전제품 구입 9. PC 절전 프로그램 사용 10. 폐가전제품 자원순환 11. 배달 음식 다회용기 이용 12. 고품질 재활용품 13. 텀블러 할인 카페 이용 14. 대중교통 이용 15. 걷기 16. 자전거 이용 등이다. 2025년 7월 기준 134만 9,937명이 참가했고 도내 시, 군 지자체는 자체 이벤트도 벌인다.

이 활동으로 탄소 절감은 나무 198만 6,675그루를 심은 효과라고 한다. 2025년 리워드 예산은 전년 대비 5배가 늘어난 400억 원. 이 외 신안군 등에서 하는 햇빛/바람 연금, 성대골 태양광 조합 배당, 타 도시에서 하는 풍력 배당 소득 등이 공식적인 소득이다.

6. 국가 생물다양성 전략

각 나라가 생물다양성을 보호하고 회복하기 위해 세우는 계획으로, 생태계를 보호하고 지속 가능한 환경을 만들기 위한 노력이다. 한국의 제4차 국가생물다양성전략을 평가해 보면 육상 보호 구역은 17.3% 목표를 달성했으나 해양 보호 구역 지정은 10% 목표 대비 2.13%에 그쳤다. 보호 구역이 아닌 숲과 산지는 매년 47㎢ 면적이 사라지고 있다. 지난 30년 동안 전국에서 무려 741㎢ (여의도 면적 256배)의 산림이 사라졌다. 산림 효용은 다양한데 그

중에서도 나무의 탄소 흡수와 저장 능력이 중요하다. 성장한 나무 1그루는 1년에 평균 56kg가량의 이산화탄소를 흡수한다. 직경 15cm인 느티나무의 경우 탄소 54kg을 저장한다. 나무 종류, 나이, 상태에 따라서 다른데 나무별로 대략 백합나무 (39.6kg) > 상수리나무(21.2kg) > 낙엽송(17.2kg) > 잣나무(16.8kg) > 소나무(11.9kg) 순이다. 잘 가꾸어진 산림 1ha는 연간 4.6t의 이산화탄소 흡수 능력이 있다(출처: 산림경영지원 홈페이지). 리기다소나무 경우 생후 20년이면 연간 2.2톤(t C/ha) 이산화탄소를 흡수한다. 떡갈나무도 비슷. 미국의 탄소 중립 지향 스타트업 '리빙 카본'은 나무의 광합성 능력(나무는 루비스코라는 호르몬 작용으로 20% 정도는 광합성 부작용을 일으켜 탄소 대신 산소를 사용)을 늘려 탄소 저장량을 두 배로 늘리는 실험을 진행하고 있다.

　　탄소 중립을 위한 법은 정부가 엄격하게 감시하고 평가하기 때문에 이를 지키지 않으면 과태료와 같은 제재가 따른다. 반면 국가 생물다양성 전략은 법적으로 강제력이 약하다. EU는 2030년까지 육지와 해양 30%를 보호지역으로 지정하고 '자연 복원법'을 제정하여 회원국에 법적 강제력을 부여한다. 영국은 '생물다양성 순이익(Biodiversity Net Gain. BNG)' 제도를 통해 개발 프로젝트가 생물다양성을 최소 10% 증가시키도록 의무화하고 있으며, 일본은 '생물다양성 기본법(2008년 제정)'을 통해 국가, 지방자치단체가 생물다양성 보전 전략을 수립하고 이행할 법적 의무를 지운다. 한국은 1. 국가 생물다양성 전략의 법적 의무화(매 5년마다 생물다양성 보호 전략을 수립하고 중앙정부, 지자체, 기업이 역할에 맞게 이행), 2. 감시 평가 체계 강화(국가생물다양성위원회가 이행 여부를 점검하고 제재), 3. 경제적 규제 및 인센티브 도입(기업, 지자체, 공공기관 등이 개발 활동으로 인해 손실된 생물다양성을 복원, 보전하도록 의무화하고 인증) 등의 노력이 추가로 필요하다.

7. 탄소 배출권

특정 프로젝트가 이산화탄소와 같은 온실가스를 제거하거나 줄인 양을 인정받아 발행되는 증서. 이를 통해 기업은 자신이 배출한 온실가스를 상쇄할 수 있다. 숲을 재조성하거나, 탄소 포집 기술을 사용하거나, 신재생 에너지를 발전시키는 프로젝트들이 탄소 배출권을 발행할 수 있다. 이러한 배출권은 자발적인 기후 전략의 일환으로 기업들이 구매하여 자사 배출량을 상쇄하거나, 탄소 시장에서 거래되어 가격을 형성한다.

MSCI(모건스탠리캐피털인터내셔널)는 2025년 보고서에서 글로벌 탄소 배출권 시장이 2030년까지 70억~350억 달러, 2050년까지는 450억~2,500억 달러 규모로 성장하면서 새로운 투자 기회가 열릴 것으로 예측했다. 2024년 글로벌 탄소 배출권 시장 규모가 약 14억 달러에 불과했다는 점에서 이 같은 전망은 MSCI가 탄소 배출권 시장의 성장 가능성에 대해 얼마나 낙관적으로 전망하는지를 잘 보여준다. 낙관적으로 전망한 이유는 크게 두 가지다.

첫째, 기업들이 야심 찬 기후 목표를 설정했다는 점. 세계 많은 기업이 2030년 국가 온실가스 감축 계획(NDC)에 맞춰 달성해야 할 엄격한 기후 목표를 설정했으나 목표 달성을 위해 자체적으로 실행할 수 있는 직접적인 배출 감소 조치가 모두 확보하기는 힘든 상태다. 이 때문에 기업들은 탄소 배출권 구매를 통해 부족분을 메우려고 적극적으로 나설 수밖에 없을 것이라는 분석이다.

둘째는 고품질 탄소 배출권에 대한 선호도가 높아지고 있다는 점. 최근 고품질 탄소 배출권을 찾는 기업이 늘어나는 추세인데, 이러한 고품질 배출권은 저품질 배출권보다 가격이 비싸다. 이에 따라 비싼 배출권 거래가 늘면 시장이 저절로 커질 수밖에 없다는 논리다.

이 외에도 MSCI는 ❖자발적 탄소 시장 무결성 위원회(Integrity Council for the Voluntary Carbon Market)가 핵심 탄소 원칙(CCPs)에 따라 여러 유형의 프로젝트를 승인하고 있고 ❖MSCI 같은 탄소 프로젝트 평가 기관이 구매자가 요구하는 추가적인 품질 평가 수준을 제공하고 있으며 ❖항공사가 CORSIA 제도 1단계 완료 기한에 맞춰 계획을 세우기 시작하면서 새로운 수요처가 등장하고 ❖유엔 협상가들이 마침내 파리기후협정에 따른 탄소 배출권 거래에 대한 초기 규칙에 합의한 점도 모두 탄소 배출권 시장 성장에 긍정적으로 작용할 것으로 내다봤다. CORSIA는 국제 항공 운송 산업에서 발생하는 탄소 배출을 감축하기 위해 국제민간항공기구(ICAO)가 도입한 제도다. 이 제도에 따라 항공사들은 자발적 감축과 탄소 상쇄를 통해 배출량을 줄이기 위해 노력해야 한다. 제도의 1단계는 2027년까지 완료돼야 한다.

MSCI에 따르면 2024년 말 기준으로 12개의 최대 국제 배출권 등록소에 6,200개가 넘는 탄소 프로젝트가 등록되어 있고, 이 프로젝트들은 3억 500만 톤($305MtCO_2eq$)의 배출권을 발행했다. 하지만 그중 '은퇴한' 배출권, 즉 기업이 기후 전략 추진 차원에서 자발적으로 사용해서 배출권이 영구적으로 사용 완료된 배출권은 발행 배출권의 절반을 약간 넘는 1억 8,000만 톤에 그쳤다. 결과적으로 2024년 탄소 배출권 현물 가격은 평균 4.8달러로, 2023년도 대비 20% 하락했다. 2022년과 비교했을 때는 하락률은 32%로 더 컸다. 넷제로 목표를 발표하는 기업의 수가 늘어났는데도 일어난 현상이다. 2024년에는 전년도 말과 비교해 65%가 증가한 2,732개 기업이 과학 기반 감축 목표 이니셔티브(SBTi)에 따라 새로운 기후 목표를 검증받았다. (출처 : 〈ESG 경제〉. https://www.esgeconomy.com/news/articleView.html?idxno=9657)

8. 고품질 탄소 배출권(CER)

자발적 탄소 시장은 배출권거래제(ETS)와 같은 규제적 탄소 시장과 달리, 기업이 자체적으로 온실가스 배출량을 상쇄하기 위해 배출량 상쇄권(크레딧)을 구매하는 구조다. 탄소 크레딧은 재생에너지 개발, 수림 복원, 탄소 포집(CCS) 등 다양한 프로젝트를 통해 생성되며 이러한 감축 활동을 기반으로 발급된다. 2025년 '자발적 탄소 시장 무결성 위원회(ICVCM)'가 기존 탄소 크레딧을 재평가한 결과 전체의 32%가 강화된 기준을 충족하지 못한 것으로 나타났다. 이는 탄소 크레딧의 품질 검증을 위한 기준 강화가 시급하다는 점을 보여준다. 이를 위해 탄소 크레딧의 발급, 이전, 사용 내역 등을 기록하고 추적하는 체계적인 레지스트리 구축이 필수로 이는 크레딧의 신뢰성과 투명성을 보장하는 핵심 요소이다. 온실가스 감축 실적으로 인정받기 위해서는 국가 인벤토리 반영, NDC 연계, 그리고 레지스트리 구축이라는 일련의 과정이 필요하다.

탄소 배출권은 저품질/고품질로 나뉘는데 점점 고품질 배출권 구매로 선호가 바뀌고 있다. 고품질 탄소 배출권의 조건은 ❖신뢰성, ❖효과성, ❖지속 가능성이다. 해당 프로젝트나 기술이 탄소 배출을 실제로 줄이는 효과가 있는지, 국제적인 표준과 기준선에 따라 검증되었는지, 장기적인 지속 가능성과 사회적 영향을 고려하였는지 평가한다. REDD+(Reducing Emissions from Deforestation and Forest Degradation)와 CCUS(Carbon Capture, Utilization, and Storage) 그리고 Cookstove는 모두 탄소 배출을 줄이기 위한 기술 및 프로그램으로, 탄소 배출권 시장에서 고품질 탄소 배출권의 발행 대상이다.

◆ **REDD+:** 산림 파괴 및 퇴적물의 산화 등으로 인한 탄소 배출을 줄이기 위한 프로그램이다. 이를 위해 개발도상국에서 숲을 보존하고 관리하는 노력을 지원하고, 그에 대한 보상으로 탄소 배출권을 발행한다. REDD+는 자연적으로 탄소를 흡수하는 숲을 보존함으로써 탄소 배출을 줄이기 때문에, 고품질 탄소 배출권으로서 높은 신뢰성과 효과성을 가지고 있다. 세계에서는 매년 750만 ha의 산림이 사라지며, 이로 인한 온실가스 배출이 전체 배출량의 약 15%를 차지한다. REDD+는 파리협정(신기후체제)에서 핵심적인 온실가스 감축 수단으로 인정받고 있다. 한국 산림청은 2012년부터 인도네시아, 캄보디아 등 4개국에서 REDD+ 시범 사업을 진행하며, 탄소 배출권 확보와 산림 협력 확대를 추진 중이다.

◆ **CCUS:** 발전소나 산업체 등에서 발생한 탄소를 포집(Capture),

활용(Utilization), 저장(Storage)하는 기술이다. 높은 비용과 기술적 어려움 등의 문제로 인해 아직 상용화가 어렵지만, 기술 발전이 진행됨에 따라 중요한 탄소 배출 감소 수단으로 인식되고 있다. 고품질 탄소 배출권으로서 신뢰성은 높지만, 효과성은 아직 불확실.

◆ **CookStove:** 가정용 난방 및 조리용 열에너지를 제공하는 화로를 효율적으로 설계하는 것을 의미한다. 이를 통해 연료 소비량이 감소하고, 따라서 탄소 배출량을 줄일 수 있다. 저소득층이 많은 개발도상국에서 사용되고 있으며, 그로 인해 건강 문제도 개선될 수 있다. 고품질 탄소 배출권으로서는 효과성이 높지만, 상대적으로 작은 규모의 프로젝트라 대규모 시장에 적합하지 않을 수 있다. (출처: 전기신문, '카본맨-올바른 투자를 위한 탄소 배출권 상식')

9. '세계반소각로연맹(GAIA)'의 쓰레기 제로 9가지 핵심 활동

＊소비와 폐기를 줄인다.

＊처분한 물건을 재사용한다.

＊생산자 책임 재활용제도의 원칙을 따른다.

＊완전하게 재활용한다.

＊유기물질은 완전하게 퇴비화하거나 자연 분해한다.

＊시민이 참여한다.

＊소각장을 금지한다.

＊독성물질을 없애고 내구성 있고 수리가 용이한 제품을 만들 수 있도록
상류 단계에서 제품 디자인을 개선한다.

＊이런 시스템들을 지원하기 위해 효과적인 정책, 인센티브, 제정 구조
를 마련한다.

제로 웨이스트 운동을 실행하는 나라/도시는 아르헨티나/부에노스아이레스·로사리오, 호주/캔버라, 미국/오클랜드·산타크루스·샌프란시스코, 인도/코발람, 뉴질랜드 등인데 미국의 경우 매립장과 소각로로 들어가는 쓰레기를 대폭 줄임으로써 미국 화력발전소 1/5을 폐쇄하는 효과가 나온다고 추산한다.

10. 대안 학교와 전환 과정

기후, 인권, 다양성을 존중하는 학업 과정들이 늘고 있다. 다음은 몇 예들이다.

하자센터(haja center)- 서울시 영등포구 소재. 연세대학교가 서울시 위탁을 받아 운영하는 청소년 대안 학습 공간. 1999년 12월 IMF 경제 위기 상황에서 청년 실업문제를 해결하는 대안 모델

로 설립되었다. 표어는 "우리의 삶을 스스로 업그레이드하자. 하고 싶은 일을 하면서도 먹고도 살자." 센터에는 작업장, 하자작업장학교, 대형 프로젝트 세 축이 있다. 센터 내에는 대안 학교, 청소년 대상 프로그램, 문화 예술 사회적 기업과 다수의 청년 문화 작업자 집단이 상주한다. 학생 수가 최대 100명을 넘지 않는 작은 학교다. 학생들은 작업장에서 자기 전공 작업을 하면서 학교 안팎에서 인문학과 외국어 등을 학습하고, 자치 활동 프로젝트, 인턴십 프로젝트 등을 진행한다. 2004년에 출범한 '재활용 상상놀이단'은 하자의 프로젝트가 진화한 것이다. 호주의 스티브 랭턴이 주축이 되어 만든 생태주의 공동체 퍼커션 그룹인 '허법(Hubbub. '왁자지껄한 소리'란 뜻)'의 정신과 기술을 전해 받아 발전시킨 공연단으로 하자센터 장인들과 작업장학교 청소년들이 단원으로 참여했다.

부산 인디고 서원- 2004년에 문을 연 청소년을 위한 인문학 서점으로 수영구 학원가 골목에 있다. 허아람 대표가 〈빨간 머리 앤〉에서 영감을 받아 지은 인디고서원은 청소년들의 상상력을 자극할 공간이 되도록 디자인한 곳이다. 서원 뒷마당에는 착한 비건 식당 '에코토피아'가 있다. 2010년에 '가치를 다시 묻다.' 특집의 영문 청소년 인문학 잡지 〈인디고〉를 창간했는데 놀랍게도 영국 리즈대학 사회학과 교수 마크 데이비스, 네팔의 지식인 산토시

샤흐, 스웨덴 웁살라대학 교수 브라이언 파머, 슬라보예 지젝과 지그문트 바우만 등의 쟁쟁한 학자가 편집진이다. 1만 부를 발행하는 잡지는 세계 각지에 배급되며 현재 해외로 나가는 유일한 부산발 인문학 잡지이다. 2020년에는『공부는 정의로 나아가는 문이다』를 출간하여 그들의 지향을 드러냈다.

간디학교: 1997년에 산청에서 간디 농장을 운영하던 양희규가 시작한 대안 학교. 사랑과 자발성의 교육으로 행복한 사람 기르기를 교육 목표로 한다. 금산, 산청, 제천 등에 있으며 중등·고등 과정 학생들에게 농사와 옷 만들기를 필수로 가르친다.

애프터스콜레: 덴마크에서 정규 교육과정과 별도로 운영되는 1년 과정의 별개 학교. 아일랜드의 '전환 학년(Gap Year)' 제도와 유사한 모델이라고 할 수 있는데, 정규 학교와 별도이고 대부분 기숙학교로 운영된다는 점에서 다르다. 기초 과정은 1-9/10학년으로 우리나라의 초등학교 6년, 중학교 3년, 고등학교 1학년까지를 포괄한다. 학업을 마치기 전의 14~18세 학생들이 1년 동안 진로를 탐색하고 다양한 경험을 해 볼 기회를 제공한다. 외국어, 음악, 미술, 디자인, 연극, 영화, 스포츠, 항해, 여행, 국제 교류, 종교, 프로젝트와 현장 연구, 난독증 등 학습장애, 혹

은 학생의 특수한 요구를 위한 학교 등 다양하다. 재학 기간은 공립학교 재학 기간과 같이 법적으로 보장된다. 10학년을 기존 학교에서 보낼 수도 있고 에프터스콜레에서 보낼 수도 있다. 덴마크 아이들은 기초과정을 마치고 고등학교 진학 전에 이 과정을 선택한다. '인생 학교', '인생 설계학교'라고 불리기도 한다(『불안』의 저자 알랭 드 보통이 창시한 학교 이름도 인생 학교이며 한국에도 지부가 있다. 사하라, 세네카 인생 학교 등 동명 타이틀을 가진 학교가 다수 생겨났다). 한국에도 '인디고 여행학교'라는 청소년 1년 전환 학교가 운영 중이다. 덴마크엔 250여 개 애프터스콜레가 있다(덴마크 인구는 591만 명이니 한국 인구로 환산하면 2,000개인 셈). 주로 흙길 시골과 접한 곳에 있고 유명한 스콜레는 경쟁률이 5대 1정도. 선발은 인터뷰 후 추첨을 통해 이뤄지는데, 남녀 비율을 1:1로 맞춰 뽑는 것 외에 성적이나 부모 인맥 같은 기준은 없다. 학생 자치로 이루어진다.

클레멘트 코스: 얼 쇼리스가 만든 빈민 대상 인문학 코스. 얼 쇼리스는 미국의 언론인, 사회 비평가로서 빈익빈 부익부의 악순환을 끊기 위해서는 가난한 사람들에게 인문학을 가르쳐야 한다고 주장했던 인문학 전도사이다. 빈곤 문제 해결 방법을 모색하던 중 중범죄자 교도소에서 한 여성 재소자를 만났고, 부자와

빈자의 차이는 인문학을 배웠냐, 배우지 못했느냐에 있다는 이야기를 듣게 됐다. 이 만남을 계기로 쇼리스는 1995년 뉴욕 남부동에 노숙인, 마약중독자, 재소자, 전과자 등을 대상으로 한 인문학 교육과정인 '클레멘트 코스'를 만들었다. 사람들은 일반 대학 교육 수준으로 철학, 문학, 예술 등을 배웠다. 먹을거리와 잠자리도 필요하지만 살아야 하는 이유와 자존심 회복이 더 중요하며, 이것이 인문학 교육을 통해 가능하다는 것을 확인했다. 클레멘트 첫 학급에서는 치과 의사, 간호사, 패션디자이너 등이 나왔고, 이 과정을 거친 사람 중 55% 이상이 사회 복귀에 성공했다. 한국도 2005년 노숙인을 위한 인문학 교육과정인 '성 프란시스 대학' 등이 문을 열었다.

11. 대안 대학교

메타버스, AI, 평생 학습, 학령 인구 감소, 글로벌 러닝 등 추세 속에서 오늘날 대학교는 과연 미래에도 통할까?

스페인 몬드라곤대학교-몬드라곤 협동조합은 1956년 호세 마리아 신부가 설립한 세계 최대 노동자 협동조합이다. 사회적 경제의 상징이다. 300만 인구의 스페인 북부인 바스크(유명한 구겐하임 미술관도 여기 있음) 지역을 기반으로 한 몬드라곤은 금융, 산업, 소매, 지식 4개 분야 257개 기업과 조합에서 7만 4,000여 명의 조합원이 일하는 연합체다. 2014년 기준 총자산 약 40조 원, 매출은 109억 유로(약 14조 8,000억 원). 스페인 기업 순위로 7위다. 여기서 운영하는 몬드라곤대학은 '유럽의 미네르바'로 불린다. 1997년 바스크 전역에 흩어져 있는 학교들을 모아 설립했다. 단과 대학별로 각 지역에 흩어져 있는데 2011년에 네 개의 단과대학 체제로 재편되었다. 교육 방식인 MTA는 'Mondragon Team Academy'의 약자다. 한국에도 지부가 있다. MTA 교육 방식은,

* 학생이 없고 팀프러너(Teampreneur. team과 entrepreneur의 합성어)가 있다.

* 교실은 없고 24시간 개방된 사무실이 있다.

* 가르침은 없고 팀 안에서 배움이 있다.

* 선생님은 없고 팀 코치가 있다.

* 시뮬레이션 대신 실제 비즈니스를 한다.

* 학습자들을 통제하는 대신 스스로 자신을 다룰 수 있는 능력을 길러준다.

미네르바대학교: 미국 캘리포니아 샌프란시스코에 있는 명문 사립대학. 2012년 4월, 클레어몬트대학교 소속 7개 대학 중 하나인 KGI(Keck Graduate Institute)가 벤치마크 캐피탈로부터

2,500만 달러를 받아 KGI 미네르바 학교라는 이름으로 설립했다. CEO는 벤 넬슨으로, 와튼 스쿨에 재학하던 중, 기존의 교육 커리큘럼에 문제를 느껴 설립했다. '세계를 위한 중요한 지혜를 육성하는 곳(Nurturing Critical Wisdom for the Sake of the World)' 미션을 가지고 설립, 가장 혁신적인 학부 경험을 제공한다. 학생들은 매 학기 세계 7개국 도시의 기숙사에 거주하면서, 온라인으로 다양한 나라의 학생, 교수들과 교류하고, 각 도시의 정부, 기업, 비영리 단체와 협업하는 새로운 교육 커리큘럼을 제공한다. 2022년에 'WURI(세계 혁신대학 평가)'에서 1위로 선정.

MOOC: 대규모 개방형 온라인코스(Massive Open Online Course)의 약자로, 대규모 사용자를 대상으로 한 온라인 공개 수업. 2010년대부터 본격화되었으며, 스탠퍼드대의 온라인 강좌가 계기가 되어 설립되었다. 초기에는 라디오·TV 방송 기반의 단방향 교육에서 출발했으나, 디지털 기술 발전으로 양방향 학습으로 진화했다. 웹 기반 상호작용을 통해 교수와 학습자, 조교가 커뮤니티를 형성해 수업을 진행하며, 비디오·게시판·과제 등을 활용한 양방향 학습이 특징이다. 무료 수강 가능하며, 전 세계 누구나 접근할 수 있다. 한 강좌에 수만 명이 등록할 수 있으며, 대표 플랫폼으로 Coursera, edX, Udacity 등이 있다. 시간과 장소 제약 없이 수강이 가능하며, 일부 강좌는 학점 인정이나 학위 수여도 된다. 수료율이 낮아(평균 6.5%) 지속성이 떨어지는 문제가 있고 향후 과제는 유료 강좌 확대와 기업·대학의 수익 모델 개발 등이다.

12. 관광과 여행

관광(tour)은 주로 목적지 방문을 통한 문화·역사·자연 탐험을 강조하며, 계획적이고 단기적인 활동으로 유명 관광지나 맛집을 방문하는 경우고, 여행(journey)은 새로운 경험과 자유로운 탐험을 중시하며, 계획 없이도 다양한 장소를 이동하며 현지와 교류하는 것을 포함한다. ❖경험 방식이 일단 다른데 관광은 수동적 관찰. 가이드 따라다니기, 정해진 코스 / 여행은 주체적 참여. 지도 보며 스스로 탐험, 현지 문화 체험 ❖시간과 범위를 기준으로 관광은 단기적, 특정 장소 중심 / 여행은 장기적, 다양한 장소와 경험 포함.

13. 비건 유형

동물권 관련 채식주의자는 금식 육류, 물고기, 알과 젖 등 단계에 따라 다음처럼 분류된다.

◆ **세미-베지테리언:** 플렉시테리언(기본적으로 채식을 지향하나 자기 나름의 허용된 기준에서 육류를 먹는 경우. 집에서는 비건이나 회식할 때는 안 하고 다이어트나 건강 목적으로 고기를 줄이는 경우, 간헐적 채식주의들), 비덩주의(덩어리 고기만 거부하고 육수는 먹는 한국형 비건주의. 한국은 사골 육수 등 국물 음식이 발달해서 엄밀한 의미의 비건이 어려움을 반영한 경우), 폴로/페스코(페스코는 어류, 수산물은 먹고 폴로는 조류는 먹는다. 이들은 동물권보다는 소, 돼지와 같은 대형 가축의 사육으로 발생하는 환경 오염을 예방하려는 동기를 가진 경우가 많다. 소, 돼지, 염소 등의 사육 과정에서 발생하는 메테인가스에 비해 가금류는 식량 생산 과정에서 환경을 덜 파괴한다. 닭고기는 소고기와 비교하면 같은 양을 생산할 때 땅 면적은 20%만 사용하고 온실가스 배출량도 10%에 불과. 소고기 소비량을 절반만 가금류로 대체해도 효과는 상당하다), 락토/오보(Lacto-는 젖의-, Ovo-는 알의-라는 뜻의 영어 접두사. 유제품, 알을 허용한다. 동양의 종교적 채식주의자 대다수가 이를 택하고 있어 채식주의 중 가장 많은 경우에 해당함.)

◆ **본격적인 채식주의자:** 비건(육류, 가금류, 난류, 어류, 유제품을 금한다. 벌꿀 역시 벌의 분비물이기에 금한다. 식물성 재료로만 만든 것을 먹는다. 동물 털로 만들어진 양모와 거위털 패딩, 동물 실

험으로 만들어진 약품/화장품, 멜라닌, 포르피린, 헤모글로빈, 헤
모시아닌, 포르핀, 미오글로빈, 리보플래빈, 아스타잔틴 등 동물성
색소 음료도 마시지 않는다), 로 비건(Raw veganism. 생식/원시
채식주의를 뜻한다. 불을 사용 가공해서 먹지 않고 날것 그대로 먹
거나 말려서 먹는다. 이른바 선식에 해당. 소규모 암자에 기거하는
스님들은 로-비건 수행자가 많은데, 기원은 도교의 벽곡법-辟穀
法. 오곡을 먹지 않는 것으로, 도교의 수행법 중 하나-이다), 프루
테리언(과일과 베지테리언의 합성어. 과일과 견과류만 허용하는
극단적 채식주의. 식물도 생명이므로 강제로 그것을 죽여 먹으면
안 되고, 오로지 식물이 자연적으로 우리에게 '허용한 것'들만 먹는
다. 우리가 먹는 곡물 중에 수백 세대 인위적인 교잡을 거쳐 비정
상적으로 많은 씨앗에 비정상적으로 많은 녹말이 비축돼 있어, 자
연에서는 절대로 살아갈 수 없게 진화해 버렸으며, 기술이 허락하
는 선에서 단위 면적당 최대한 많은 생산량을 위해 좁은 곳에서 키
우는 곡물은 공장식 사육과 같다고 여기기 때문에 먹지 않는다. 채
식주의 진영에서도 우려하는 식습관으로, 영양 결핍과 병이 발생
할 위험이 크다).

14. 동물권

動物權. Animal rights. 동물이 인간과 동등한 도덕적 지위를

가지며, 고통을 느끼지 않을 권리가 있다는 윤리적 개념이다. 동물 복지는 동물의 고통을 최소화하는 공리주의적 접근이라면, 동물권은 동물의 고통을 넘어 존재 자체의 권리를 인정하는 윤리적 혁신이다. 단일주의 동물권은 모든 동물이 인간과 동일 권리를 가진다고 주장하며, 도축을 포함한 모든 동물 이용을 반대한다. 계층주의 동물권은 동물의 도덕적 지위를 차등 부여하며, 식용 목적의 농장 동물 이용은 인정한다. 인식 상의 경계 문제도 있다. 동물권은 동물의 감각, 이성, 개체 변별성을 근거로 하지만, 식물권과의 경계는 모호하다. 산호는 동물계에 속하면서 이성적 특성이 없다. 혹자는 정치적 과잉화를 우려한다. 유럽에서도 신좌파와 생태주의 단체가 주도하며 극우 동물 복지(예: 브리지트 바르도)와는 구분하려고 한다. 한국에서는 동물권 단체들이 동물 복지와 혼용하는 경우가 많다.

◆ **식물권**: 논의는 UN에서 진행 중이나 복잡하다. 식물의 생명권이나 종족 보존권이 보장되어야 하나 식물은 개체 전체를 위해서 개개의 생명은 덜 중요하게 취급하며 이성이나 통각이 없으며 개체 간의 변별성도 떨어진다. 따라서 동물권의 부수적인 주제다. 식물권이 인정되지 않는다고 해도 식물을 무분별하게 파괴하면 식물과 공존하는 동물의 동물권 또한 침해되므로 동

물권의 보장을 위해 식물의 생명도 일정 부분 보호되어야 한다
(최근 한국 도심에서 벌어지는 무분별한 전정, 가로수 학살 등은
폭염에 직격탄이 된다). 단, 품종 보호권은 지식재산권 차원에서
인정된다.

15. 신토불이(身土不二) 외

중국 당 시대의 천태종 승려 형계담연의 〈유마소기〉 및 북
송 시대 지원의 〈유마경락소승유기〉에 나오는 '二法身下顯身土
不二…此是法身身土不二之明文也' 구절에서 유래했다. 세계가 인
간의 행위를 비춘다는 의미의 세계관을 가리키는 것이었다. 삼국
지에 관련 일화도 있다. 조조가 장기간의 원정으로 인해 병사들이
향수병에 시달리자, 명의 화타를 불렀더니 화타가 고향의 흙을 가
져와 물에 가라앉힌 후 병사들에게 먹이라고 처방한다. 신토불이
에 수구초심 일화인 셈이다. 한국에서는 의사이자 철학자 이을호
가 처음 사용한 것으로 알려져 있고 대중화된 것은 1989년 우루과
이 라운드 이후. 한국 농업이 위기에 처하자 농협 한호선 회장의
주도로 이 표현을 캠페인에서 사용하면서 애국심을 불러일으켜
널리 알려졌다. 1993년에는 가수 배일호의 동명 노래도 나왔다.
신토불이는 오늘날 로컬 푸드 정신과도 통한다. 식당에 많이 붙
어 있는 격언인 "You Are What You Eat."은 1863년 독일 철학자,

인류학자였던 루트비히 포이어바흐에 의해 처음 표현된(독일어: Der Mensch ist, was er iszt.) 걸로 알려져 있다. 1968년 미국 영화의 제목이기도 했다. 또한 '채널 5'에서 방송되는 동명의 영국 다이어트 프로그램도 있다.

16. about 플라스틱

현재 전 세계는 매년 4억 톤이 넘는 플라스틱을 생산 및 소비한다. OECD의 '글로벌 플라스틱 전망 보고서'에 따르면 전 세계 플라스틱 생산량은 1950년대 약 150만 톤에서 2021년에는 약 3억 9,000만 톤으로 70년 사이 약 260배 이상 급격하게 증가했다. 2060년에는 플라스틱 생산량이 12억 3,000만 톤까지 증가할 것으로 전망된다. 전 세계적으로 플라스틱 폐기물의 9%만 재활용된다. 나머지는 매립 또는 소각되거나 바다와 같은 자연환경에 버려진다. 그린피스의 '2023년 플라스틱 대한민국 2.0' 보고서에 따르면, 2021년 발생한 플라스틱 폐기물은 총 1,193만 톤으로 2010년보다 약 2.5배로 증가했고, 코로나19 이전인 2017년 대비 1.5배 가까이 늘어났다. 특히 플라스틱 중 배달 음식 포장재를 포함하는 '기타 폐합성수지류' 배출량은 2021년에 하루 평균 1,292.2톤으로 2019년(715.5톤/일)보다 80.6%나 급증했다. 플라스틱은 44%가 포장재로 사용되고 있다. 그린피스와 충남대학교 연구팀의 조사에 따르면, 일회용품 비율이 높은 생활계 폐기물의 물질 재활용률은 약 16.4%에 불과하다.

지구온난화 관련- 일화용 플라스틱은 기후 위기를 초래하는 99% 이상 화석연료로 만들어진다. 플라스틱은 생산 과정에서 많은 탄소를 배출하며, 매립하면 메테인가스를 발생시켜 온실효과를 심화시킨다. 쓰레기들은 서식지를 파괴해 먹이 사슬도 오염시킨다. 해양에 누적되는 플라스틱은 해조류에 천착해 광합성을 방해함으로써 해양 생태계를 교란하고 수온 상승-지구온난화 이유 중 하나-을 촉진하기도 한다. 플라스틱을 소각하면 다량의 유독성 물질이 나와 대기를 오염시킴으로써 지구온난화를 더욱 가속한다.

❷ 모든 플라스틱 용기에는 세계적으로 PE, PP, PET, PS 등의 공통 기호를 쓴다. PETE라고도 불리는 1번 플라스틱은 1회용 플라스틱으로 음료수병, 생수병, 간장병 등의 페트병에 많이 사용된다. 두 번 이상 사용하면 박테리아가 번식하지만 새로운 페트병이나 폴리에스테르 섬유 등으로 재활용은 가능하다. HDPE의 2번 플라스틱은 고밀도 폴리에틸렌으로 환경호르몬이 검출되지 않는 무독성 친환경 플라스틱으로 장난감이나 생활용품에 많이 쓰인다. 재사용 및 재활용이 가능하다. PVC 또는 V라고 표기되는 3번 플라스틱은 모양이 자유자재로 바뀌는 플라스틱으로 공업용 제품 및 컴퓨터 외장재 배관용 파이프, 창틀, 호스, 필름, 전선

등에 사용된다. 재활용은 불가하다. LDPE의 4번 마크가 붙은 플라스틱은 저밀도 폴리에틸렌으로 화학성분은 나오지 않는다. 이 플라스틱은 주로 음식을 담을 때 쓰는 비닐장갑이나 수축 포장재 및 봉지, 종이컵, 우유팩 등을 만드는 데 사용된다. PP의 5번 플라스틱은 보통 플라스틱 컵이나 용기에서 볼 수 있다. 가벼우면서 질기고 높은 온도에 잘 녹지 않으며 인체에 해롭지 않아 음식을 보관하는 용기로 많이 쓰인다. 재사용 및 재활용이 가능하고 BPA FREE 소재 중에서 전자레인지 사용이 가능한 내열 소재 중 하나다. PS의 6번 플라스틱은 전자레인지에 돌리면 발암물질이 나오는 플라스틱으로 일회용 스티로폼 컵, 테이크아웃 용기, 발효 유제품 용기, 건축 단열재, 부표 등에 이용된다. OTHER의 7번 플라스틱은 1~6번에 해당하지 않으면 7번 기타로 분류되고 2개 이상의 플라스틱 소재가 복합된 경우도 7번으로 표기된다. 7번+트라이탄은 젖병, 텀블러 등에 사용되며 전자레인지 사용은 가능하나 제품에 따라 달라질 수 있으므로 확인이 필요하다. PLA 플라스틱도 BPA 등 환경호르몬이 없는 안전한 플라스틱이다. (출처: <시사매거진> 2024. 8. 5.)

17. 그린 뉴딜

Green New Deal. 기후 변화와 경제적 문제를 아울러 해결하기 위해 제시한 정책이나 법안.

2007년 1월 19일 저명한 칼럼니스트 토머스 프리드먼이 <

뉴욕 타임스〉 사설 '정원으로부터의 경고(A Warning From the Garden)'와 저서 『코드 그린(Code Green)』에서 처음 사용했고 버락 오바마 대통령이 이를 공약에 포함했다. 프리드먼은 화석연료 산업계의 보조금 지급을 중단하고 이산화탄소 배출량에 따른 세금을 부과하며 풍력, 태양력과 같은 재생 에너지에 지속적인 인센티브를 제공해야 한다고 주장했다. 세 가지 핵심 원칙은 ①기후 변화 대응(Climate), ②일자리 창출(Jobs), ③에너지 불평등 해소(Equity)다. 2008년 10월 유엔환경계획은 일자리를 창출하고 기후 변화를 억제하기 위해 '그린 뉴딜 이니셔티브'를 발표했다. 2018년 10월, IPCC 특별보고서는 CO_2 배출량을 2030년까지 2010년 대비 45%를 줄이고 2050년까지는 탈탄소 사회를 요구했다. 이 급진성으로 그린 뉴딜 관심이 커졌고 2020년 코로나19 확산이 이를 더 지폈다.

18. 에코 페미니즘

eco-feminism. 여성이 사회에서 남성들에 의해 무시되고 억압되는 사회현상을 인간이 자연 파괴를 일삼는 사회현상과 같다고 본다. 1970년대 시작, 1990년대부터 비중 있는 여성 운동으로 성장했다. 반다나 시바(식량 주권 옹호자, 반세계화 작가. GMO 반대 운동과 관련된 행동주의로 '곡물의 간디'라고 불림)의 '칩코 운동

(Chipko. '끌어 안다'란 뜻의 인도어. 순데랄 바후구나가 1970년대에 히말라야산맥 숲 보호 운동으로 나무를 끌어안아 벌목을 막아낸 운동)'으로 유명해졌다. 생태주의는 환경 문제를 사회 전반과 연관해서 보는데, 생태 위기는 인간의 자연 지배와 착취 때문이므로 궁극적으로 자연 해방을 추구한다. 심층생태주의는 인간 중심적 사고, 사회생태론자는 국가의 권위주의 구조, 생태사회주의는 자본주의 경제체제를 자연 억압 근본 문제로 여긴다. 에코 페미니즘은 자연이 여성성과 연관되어 왔기 때문에 자연 억압도 남성이 여성을 억압하는 가부장제에서 비롯되었으며 안티 플라스틱, 플로깅, 친환경 설비만으로는 껍데기 환경 운동이라고 경고한다.

19. 비콥(B Corp) 기업

비콥의 'B' 즉, 베네피트는 사회에 미치는 간접적 부분까지 포함한 총체적 혜택을 목적으로 하는 새로운 기업 모델이다. 비콥 인증은 2006년 스탠퍼드대 출신 창업자 3명이 만든 비영리 기업 '비랩(B-Lab)'이 시작했다. 사람, 지구, 이윤 3가지 성과 기준을 바탕으로 기업의 사회적 책임을 수량화하는 작업에 착수, 2007년 기업을 평가하는 새로운 기준인 '비 임팩트 평가(B Impact Assessment. BIA)'를 공개했다. 비즈니스모델을 지배 구조, 기업 구성원, 지역 사회, 환경, 고객 5가지 영역으로 평가한다. '임팩트 투자' 용어를 처음 만든 록펠러재단은 2007년 BIA를 효과적인 임팩트 투자 지표로 선택하고 비랩에 자금을 댔다. BIA 검사에서 200점 만점에 80점 이상을 받으면 인증받을 수 있고 인증마크를 발급받으려면 소정의 연회비를 내고 매년 관련 보고서를 비랩에 공개해야 한다. 3년마다 재인증 평가를 하며 '넷제로 2030', 뷰티 기업의 연합인 '비콥뷰티 연합' 등의 이니셔티브 활동을 펼치고 있다. 비콥 인증은 스타트업이 많지만, 최근에는 클로에, 벨레다, 일리카페 등 대기업도 비콥 인증을 받았다. 비콥 인증+매출 10억 달러 이상 기업은 '비무브먼트빌더스' 커뮤니티에 가입할 수 있다. 한국은 2019년 비랩코리아 설립. 트리플래닛, 아이오니아, 캄포스, 닷, 모아드림, 텔라 등이 인증받았다.

20. 탄소 국경세, Scope N

자국보다 이산화탄소 배출이 많은 국가에서 생산·수입되는 제품에 대해 부과하는 페널티형 관세. EU는 2030년 유럽의 온실가스 배출량을 55% 감축하기 위한 입법 패키지인 'Fit for 55'를 2021년 7월에 발표하면서 '탄소국경조정제'를 포함했다. 2023년부터 전기·시멘트·비료·철강·알루미늄 등 탄소배출이 많은 품목에 시범 시행한 뒤 2026년부터 단계적으로 적용한다. 탄소 국경세 부과를 위해 수입 제품에 탄소 배출권거래제(ETS)를 적용하는 방법을 택했는데, EU에 수출하려는 기업은 배출권 가격을 기준으로 만든 인증서를 구매해야 한다. Scope 3 공시는 '국제지속가능성기준위원회'가 공시한 것으로 Scope 1은 제품 생산 단계에서 발생하는 직접적인 배출량, Scope 2는 사업장에서 사용하는 전기와 동력을 만드는 과정에서 발생하는 간접 배출량, Scope 3는 협력업체와 물류, 사용, 폐기 등 가치 사슬 전 과정에서 발생하는 외부 배출량을 의미한다.

다음의 21가지 중에서 현재 당신의 라이프를 5점 척도로 따져 보라. 나의 기후 시민 수준이 파악될 것이다. 다음은 장표 상에 필자의 점수를 넣어 본 것이다.

나의 ESG 라이프 지수

	1점	2점	3점	4점	5점
1.비욘드			●		
2.소비				●	
3.의식				●	
4.교육				●	
5.로컬				●	
6.여행				●	
7.두 언어			●		
8.비건			●		
9.커먼즈			●		
10.오피스		●			
11.재택근무					●
12.집 활용			●		
13.재야생화		●			
14.메타버스			●		
15.워케이션		●			
16.모빌리티			●		
17.리사이클				●	
18.비전+생전			●		
19.축제 3.0			●		
20.마케팅				●	
21.레거시			●		
합계					69

※ 교육, 오피스, 축제, 마케팅 등은 개인이 결정하는 관점이 아닌 이용자 관점에서 판단할 것.

내 점수: 105점 만점에 총점 69점. 평점 3.3. 좀 인색하게 매기기는 했지만 그래도 주변의 지인들 삶을 비교할 때 나는 80점 정도는 나올 줄 알았다. 오피스, 재야생화 노력, 워케이션이 꽤 낮으니 이를 보강해야 할 것 같다. '재택근무' 하나만 5점인데 이는 나이와 직업 때문만이 아니라 아내 눈치를 보면서도 결정한 내 주체적 선택이기도 한 것이니 조금은 자랑할 만하다. '두 언어'와 '집 활용'이 3점인 것도 꽤 향상한 부분이다. 회사 다니던 과거라면 1점이었다. '리사이클'도 좋아졌다. 일회용 플라스틱도 버리지 않고 화병이나 장식품, 과자 그릇으로 쓴다. 현관 벽에 걸린 팔각형 작품에 사람들은 감탄하는데 사실 한과 담는 그릇 뚜껑을 버리지 않고 업사이클링한 것이다. 아파트 옆 작은 숲 공간에 깨진 화분과 부러진 나무 등을 활용해 일명 '정크아트(쓰레기 예술)'도 만들었다. 동네에선 술자리도 한다. 마실과 공동체성 회복이다. 김장도 나눠 먹고 맛있는 것이 생기면 이 또한 나눈다. 동네 사는 재미가 훨씬 좋아졌다.